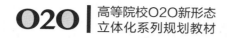高等院校O2O新形态
立体化系列规划教材

Office 2016

办公软件高级应用

任务式教程 | 微课版

陈丽娜 刘万辉 ◎ 主编

孙重巧 侯丽梅 ◎ 副主编

U0265036

人民邮电出版社

北 京

图书在版编目（CIP）数据

Office 2016办公软件高级应用任务式教程：微课版/
陈丽娜，刘万辉主编. —— 北京：人民邮电出版社，
2021.4
　高等院校O2O新形态立体化系列规划教材
　ISBN 978-7-115-55068-2

　Ⅰ. ①O… Ⅱ. ①陈… ②刘… Ⅲ. ①办公自动化—应
用软件—高等学校—教材 Ⅳ. ①TP317.1

中国版本图书馆CIP数据核字(2020)第201221号

内 容 提 要

　　本书以 Office 2016 办公处理软件为载体，通过 14 个任务详细介绍了 Word、Excel、PowerPoint
的高级使用方法。主要内容包括制作个人简历、制作办公用品订购单、制作面试流程图、制作新年贺
卡与标签、科普文章的编辑与排版、制作员工信息表、员工社保情况统计、制作销售图表、员工出勤
情况分析、公司日常费用分析、事业单位演示文稿制作、创业案例介绍演示文稿制作、汽车行业数据
图表演示文稿制作、展示动画制作。

　　本书既可作为各类院校计算机办公自动化专业以及计算机应用等相关专业的教材，也可作为各类
社会培训学校相关的培训教材，还可供 Office 初学者、办公人员自学使用。

　◆　主　　编　陈丽娜　刘万辉

　　　副 主 编　孙重巧　侯丽梅

　　　责任编辑　刘　佳

　　　责任印制　王　郁　彭志环

　◆　人民邮电出版社出版发行　　北京市丰台区成寿寺路 11 号

　　　邮编　100164　　电子邮件　315@ptpress.com.cn

　　　网址　https://www.ptpress.com.cn

　　　三河市兴达印务有限公司印刷

　◆　开本：787×1092　1/16

　　　印张：14.75　　　　　　　　2021 年 4 月第 1 版

　　　字数：330 千字　　　　　　 2024 年 7 月河北第 11 次印刷

定价：49.80 元

读者服务热线：(010)81055256　　印装质量热线：(010)81055316
反盗版热线：(010)81055315
广告经营许可证：京东市监广登字 20170147 号

前　言
PREFACE

　　为加快推进党的二十大精神和创新理论最新成果进教材、进课堂、进头脑。党的二十大报告指出，全面建设社会主义现代化国家，必须坚持中国特色社会主义文化发展道路，增强文化自信。本书在掌握 Office2016 办公软件的专业知识技能体系的基础上，在具体案例的选取上注重学生的综合素养的提升。借助个人简历的制作、办公用品订购单制作、面试流程图与科普文章的编辑等案例加强了劳动精神、工匠精神的培养，也提升了科学严谨的态度。借助制作新年贺卡与拓展案例，展示了中国四大传统节日中的春节与中秋节，使学生体会了中华民族博大精深的历史文化内涵。借助制作员工信息表、员工社保情况统计、数据图表演示文稿制作等案例，增强了学生对数据的分析、数据统计、展示的能力。借助创业案例演示文稿制作，加强了大学生的创新创业意识。

本书内容

　　本书共分为 Word、Excel、PowerPoint 3 个部分，14 个任务。所选任务均与日常工作密切相关，且经过作者反复推敲和研究后选定，注重技能的渐进性和学生综合应用能力的培养。

　　Word 部分选择了制作个人简历、制作办公用品订购单、制作面试流程图、制作新年贺卡与标签、科普文章的编辑与排版 5 个任务；Excel 部分选择了制作员工信息表、员工社保情况统计、制作销售图表、员工出勤情况分析、公司日常费用分析 5 个任务；PowerPoint 部分选择了事业单位演示文稿制作、创业案例介绍演示文稿制作、汽车行业数据图表演示文稿制作、展示动画制作 4 个任务。

体系结构

　　本书的每个任务都采用"任务简介"→"任务实施"→"任务小结"→"经验技巧"→"拓展训练"的结构。

　　（1）任务简介：简要介绍任务的背景、制作要求、涉及的知识点和知识技能目标。

　　（2）任务实施：详细介绍任务的完成方法与操作步骤。

　　（3）任务小结：对任务中涉及的知识点进行归纳总结，并对任务中需要特别注意的知识点进行强调和补充。

　　（4）经验技巧：对任务中涉及的知识的使用技巧进行提炼。

　　（5）拓展训练：结合任务中的内容给学生提供难易适中的上机操作题目，使学生通过练习，达到强化巩固所学知识的目的。

本书特色

　　本书内容简明扼要，结构清晰，任务丰富，强调实践，图文并茂，直观明了，可帮助学生在完成任务的过程中学习相关的知识和技能，提升自身的综合职业素养和能力。

平台支撑

　　人民邮电出版社充分发挥在线教育方面的技术优势、内容优势、人才优势，潜心研究，为读者提供一种"纸质图书 + 在线课程"相配套，全方位学习 Office 2016 办公应用的解决方案。读者可根据个人需求，利用图书和"微课云课堂"平台上的在线课程进行碎片化、移动化的学习，以便快速全面地掌握 Office 2016 办公应用。

　　"微课云课堂"目前包含近 50000 个微课视频，在资源展现上分为"微课云""云课堂"这两种形式。"微课云"是该平台中所有微课的集中展示区，用户可随需选择；"云课堂"是在现有微课云的基础上，为用户组建的推荐课程群，用户可以在"云课堂"中按推荐的课程进行系统化学习，或者将"微课云"中的内容进行自由组合，定制符合自己需求的课程。

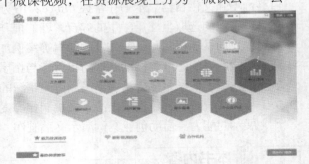

"微课云课堂"主要特点

　　微课资源海量，持续不断更新："微课云课堂"充分利用了出版社在信息技术领域的优势，以人民邮电出版社 60 多年的发展积累为基础，将资源经过分类、整理、加工以及微课化之后提供给用户。

　　资源精心分类，方便自主学习："微课云课堂"相当于一个庞大的微课视频资源库，按照门类进行一级和二级分类，以及难度等级分类，不同专业、不同层次的用户均可以在平台中搜索自己需要或者感兴趣的内容资源。

　　多终端自适应，碎片化移动化：绝大部分微课时长不超过 10 分钟，可以满足读者碎片化学习的需要；平台支持多终端自适应显示，除了在 PC 端使用外，用户还可以在移动端随心所欲地进行学习。

"微课云课堂"使用方法

　　扫描封面上的二维码或者直接登录"微课云课堂"（www.ryweike.com）→用手机号码注册→在用户中心输入本书激活码（e074c6cf），将本书包含的微课资源添加到个人账户，获取永久在线观看本课程微课视频的权限。

　　此外，购买本书的读者还将获得一年期价值 168 元的 VIP 会员资格，可免费学习50000 微课视频。

教学资源

　　本书配套有书中任务、习题涉及的素材与效果文件、PPT 电子课件、电子教案、各任务的讲解视频 73 个以及素养拓展阅读包。

　　本书由陈丽娜、刘万辉任主编，孙重巧，侯丽梅任副主编。编写分工为：陈丽娜编写了任务 1 ～任务 5，侯丽梅编写了任务 6 ～任务 8，孙重巧编写了任务 9 ～任务 10，刘万辉编写了任务 11 ～任务 14。

　　由于编者水平和能力有限，书中难免存在疏漏与不足之处，敬请广大读者批评指正。

编者
2023 年 5 月

目　录

CONTENTS

3

任务12 创业案例介绍演示文稿制作 174

任务13 汽车行业数据图表演示文稿制作 192

任务14 展示动画制作 213

参考文献 227

CHAPTER 1

任务 1
制作个人简历

1.1 任务简介

1.1.1 任务要求与效果展示

李红是一名大三年级的学生，为了增加自己在校期间的企业实践经验，她准备在下一个暑期去一家公司实习。为了获得难得的实习机会，她打算利用 Word 精心制作一份简洁而醒目的个人简历。效果如图 1-1 所示。

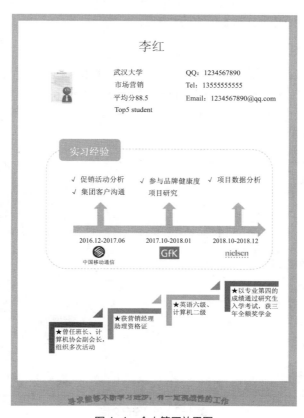

图 1-1 个人简历效果图

1.1.2 知识技能目标

涉及的知识点主要有：文档的新建、文档的页面设置、自选图形的绘制与格式设置、艺术字的使用、文本框的使用、项目符号的使用、SmartArt 图形的使用、保存文档。

知识技能目标如下。

- 掌握文档的创建、保存等基本操作。
- 掌握 Word 文档的页面设置。
- 掌握自选图形的绘制与格式设置。
- 掌握艺术字的插入与格式设置。
- 掌握项目符号的使用。
- 掌握文本框的插入与格式设置。
- 掌握 SmartArt 图形的使用。

1.2 任务实施

个人简历是求职者给招聘单位发的一份简要介绍自己的文档，包含自己的基本信息、自我评价、工作经历、学习经历、荣誉与成就等内容，以简洁、重点突出为最佳。

在本任务中，李红是为了取得实习机会而制作个人简历，所以在简历中主要包含了个人基本信息、工作经历、荣誉与成就 3 部分的内容。

1.2.1 文档的新建

建立新的 Word 文档，首先要启动 Word，启动步骤如下。

（1）执行"开始"→"Word 2016"命令，启动 Word 2016。

（2）选择"新建"选项卡，在右侧"新建"栏中单击"空白文档"，如图 1-2 所示。新建一个空白 Word 文档。

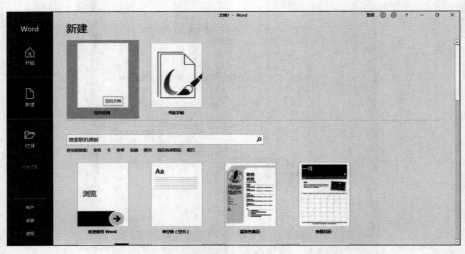

图 1-2 创建空白文档

1.2.2 页面设置

由于个人简历中涉及图片、自选图形、文本框等内容，在插入对象之前需要对文档的页面进行设置。页面设置要求为：纸张采用 A4 纸，纵向，上、下页边距为 2.5 厘米，左、右页边距为 3.2 厘米。具体操作步骤如下。

（1）切换到"布局"选项卡，单击"页面设置"功能组右下角的对话框启动器按钮，打开"页面设置"对话框。

（2）切换到"纸张"选项卡，从"纸张大小"的下拉列表中选择"A4"。

（3）切换到"页边距"选项卡，将"纸张方向"设置为"纵向"，按要求设置上、下页边距为 2.5 厘米，左、右页边距为 3.2 厘米，如图 1-3 所示。

（4）单击"确定"按钮，页面设置完成。

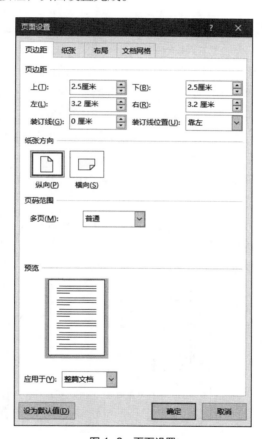

图 1-3 页面设置

1.2.3 设置文档背景

页面设置完成以后，利用 Word 中的自选图形为文档设置背景，具体操作步骤如下。

（1）切换到"插入"选项卡，在"插图"功能组中单击"形状"下拉按钮，在其下拉列表中选择"矩形"，如图 1-4 所示。

微课视频

设置文档背景

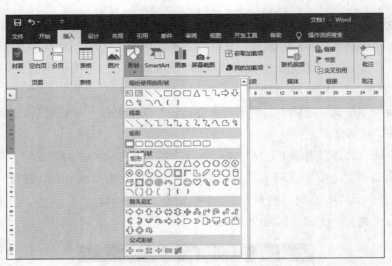

图 1-4 选择"矩形"

（2）将光标移到文档中，绘制一个与页面大小一致的矩形。

（3）选中矩形，切换到"绘图工具 | 格式"选项卡，在"形状样式"功能组中单击"形状填充"按钮，从下拉列表中选择"标准色"中的"橙色"选项，如图 1-5 所示。

（4）单击"形状轮廓"按钮，从下拉列表中选择"标准色"中的"橙色"选项，如图 1-6所示。

（5）右键单击橙色矩形，在弹出的快捷菜单中选择"环绕文字"级联菜单中的"浮于文字上方"命令。

（6）利用同样的方法，在橙色矩形上方创建一个矩形，将所绘制的矩形的"形状填充"和"形状轮廓"都设为"主题颜色"下的"白色，背景 1"，并将其"环绕文字"设为"浮于文字上方"，完成文档背景设置，效果如图 1-7 所示。

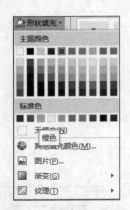

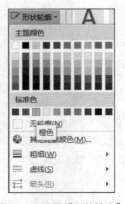

图 1-5 设置"形状填充"　　　　图 1-6 设置"形状轮廓"　　　　图 1-7 文档背景设置完成以后的效果

1.2.4 制作个人基本情况版块

从效果图可以看出，个人简历共分为 3 个版块，第一个版块为个人基本情况，此版块中的姓名利用 Word 中的艺术字制作，姓名下方的其他基本信息用 Word 中的文本框制作，基本信息的左侧利用图片进行装饰。

首先进行艺术字的插入，操作步骤如下。

（1）切换到"插入"选项卡，在"文本"功能组中单击"艺术字"下拉按钮，从下拉列表中选择"填充：金色，主题色4；软棱台"选项，如图1-8所示。

（2）在"请在此放置您的文字"文本框中输入文字"李红"。

（3）选中"李红"字样，切换到"开始"选项卡，在"字体"功能组中设置其字体为"宋体"，字号为"一号"，取消加粗，如图1-9所示。

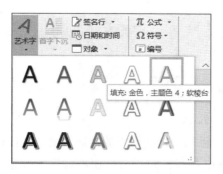

图1-8　"艺术字"下拉列表

图1-9　"字体"功能组

（4）右键单击艺术字文本框，从弹出的快捷菜单中选择"其他布局选项"命令，如图1-10所示，打开"布局"对话框。

（5）在"布局"对话框中，切换到"位置"选项卡，单击"水平"下方的"对齐方式"单选按钮，设置"对齐方式"为"居中"，单击"相对于"右侧的箭头按钮并从下拉列表中选择"页面"选项，如图1-11所示。单击"确定"按钮，完成艺术字对齐方式的设置。

图1-10　选择"其他布局选项"

图1-11　"布局"对话框

艺术字设置完成后，进行图片的插入，操作步骤如下。

（1）切换到"插入"选项卡，在"插图"功能组中单击"图片"按钮，打开"插入图片"对话框，选择素材文件夹中的"1.png"，如图1-12所示。单击"插入"按钮，完成图片的插入。

图1-12 "插入图片"对话框

（2）切换到"图片工具 | 格式"选项卡，单击"排列"功能组中的"环绕文字"按钮，从下拉列表中选择"浮于文字上方"选项，如图1-13所示。这样可以使被背景图形遮挡的图片显示出来。

（3）使图片处于被选中的状态，单击"大小"功能组右下角的对话框启动器按钮，打开"布局"对话框，切换到"大小"选项卡，保持"锁定纵横比"复选框的被选中状态，在"高度"栏中的"绝对值"右侧的微调框中输入值"2.3厘米"，如图1-14所示，单击"确定"按钮，完成图片大小的调整。

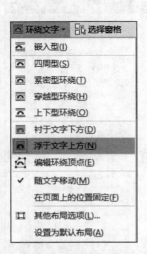

图1-13 "环绕文字"下拉列表

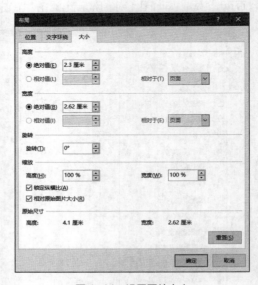

图1-14 设置图片大小

（4）根据效果图，利用鼠标调整图片的位置。

个人基本情况版块中最重要的内容是姓名下方的其他基本信息，可以利用 Word 中的文本框来制作此部分。操作步骤如下。

（1）切换到"插入"选项卡，在"文本"功能组中单击"文本框"下拉按钮，在下拉列表中选择"绘制横排文本框"命令，如图 1-15 所示。

（2）利用鼠标在图片右侧绘制一个文本框，并在文本框中输入如图 1-16 所示的文本内容。

（3）选中文本框，切换到"开始"选项卡，在"字体"功能组中设置文本字体为"楷体"，字号为"五号"。

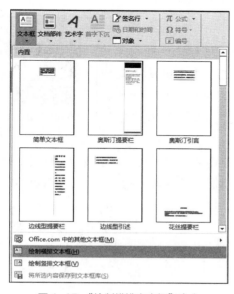

图 1-15 "绘制横排文本框"命令

武汉大学	QQ：1234567890
市场营销	Tel：13555555555
平均分 88.5	Email：1234567890@qq.com
Top5 student	

图 1-16 个人基本信息

（4）单击"段落"功能组中的"行和段落间距"按钮，从下拉列表中选择"1.5"选项，如图 1-17 所示。

（5）右键单击文本框，从弹出的快捷菜单中选择"设置形状格式"命令，打开"设置形状格式"窗格，在"线条"栏中选择"无线条"单选按钮，如图 1-18 所示。关闭"设置形状格式"窗格，完成文本框的格式设置。

图 1-17 设置文本段落间距

图 1-18 设置文本框"无线条"

至此，个人基本情况版块制作完成，效果如图 1-19 所示。

图 1-19　个人基本情况版块制作完成后的效果

1.2.5　制作实习经验版块

微课视频

制作实习经验版块

为了增加被录用的可能性，可以将个人的工作经历有条理地展现出来。从任务的效果图可以看出，利用自选图形结合文本框可以将李红的实习经验清晰、有条理地展现出来。为了增强实习经验版块的整体效果，可以利用自选图形中的圆角矩形制作此版块的边框效果。操作步骤如下。

（1）切换到"插入"选项卡，在"插图"功能组中单击"形状"下拉按钮，从其下拉列表中选择"圆角矩形"选项，将光标移到文档中，根据效果图利用鼠标在合适的位置绘制一个圆角矩形。

（2）选中刚刚绘制的圆角矩形，切换到"绘图工具 | 格式"选项卡，在"形状样式"功能组中，将"形状填充"和"形状轮廓"都设置为"标准色"中的"橙色"。

（3）在选中的圆角矩形中输入文字"实习经验"，并设置输入的文字的字体为"宋体"，字号为"小二"。

（4）利用同样的方法，再绘制一个圆角矩形，根据效果图调整此圆角矩形的大小和位置。切换到"绘图工具 | 格式"选项卡，在"形状样式"功能组中，设置此圆角矩形的"形状填充"为"无填充"，在"形状轮廓"列表中设置颜色为"标准色"中的"橙色"，选择"虚线"下的"短划线"选项，如图 1-20 所示，"粗细"设置为"0.5 磅"。

（5）为了不遮挡文字，右键单击虚线圆角矩形，从弹出的快捷菜单中选择"置于底层"级联菜单中的"下移一层"命令，如图 1-21 所示。

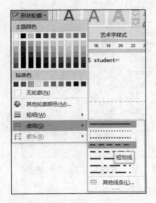

图 1-20　设置"虚线"

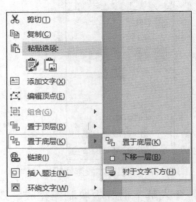

图 1-21　"下移一层"命令

利用文本框可以制作实习经验版块中的内容部分，操作步骤如下。

（1）切换到"插入"选项卡，在"文本"功能组中单击"文本框"下拉按钮，在下拉列表中选择"绘制横排文本框"命令。

（2）利用鼠标在"实习经验"圆角矩形的下方绘制一个文本框，并输入"促销活动分析"和"集团客户沟通"两行文字。

（3）设置文本框中文字字体为"楷体"，字号为"五号"，行距为 1.5 倍行距，设置文本框"形状轮廓"为"无轮廓"。

（4）选中文本框中的两行文本内容，切换到"开始"选项卡，在"段落"功能组中单击"项目符号"右侧的下拉按钮，从下拉列表中选择图 1-22 所示的项目符号。

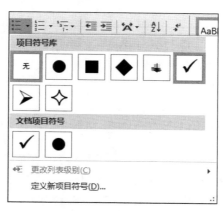

图 1-22　选择项目符号

（5）利用同样的方法，再创建两个文本框，输入文字并设置文字的格式，调整文本框的位置，效果如图 1-23 所示。

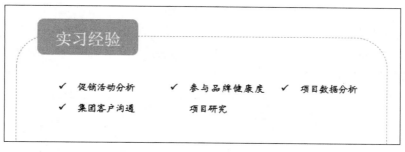

图 1-23　文本框添加完成后的效果

利用自选图形中的箭头，结合图片，可以很形象地展示实习时间和实习单位。操作步骤如下。

（1）切换到"插入"选项卡，在"插图"功能组中单击"形状"下拉按钮，从下拉列表中选择"箭头总汇"中的"右箭头"选项，根据效果图，在对应的位置绘制一个水平箭头。

（2）切换到"绘图工具 | 格式"选项卡，在"形状样式"功能组中设置"形状填充"为"标准色"中的"橙色"，"形状轮廓"为"标准色"中的"橙色"。

（3）用同样的方法，绘制3个"上箭头"，调整箭头的位置并设置"形状填充"和"形状轮廓"颜色均为"标准色"中的"橙色"，效果如图1-24所示。

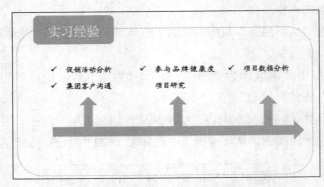

图1-24　箭头添加完成后的效果

（4）在水平箭头的下方，对应向上箭头的位置绘制3个文本框，并输入图1-25所示的文字，设置文本框"形状轮廓"为"无轮廓"。

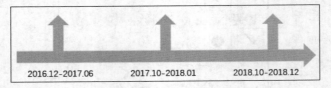

图1-25　文本框添加完成后的效果

（5）切换到"插入"选项卡，在"插图"功能组中单击"图片"按钮，从下拉列表中选择"此设备"选项，打开"插入图片"对话框，选择素材文件夹中的"2.png"，将图片插入文档。

（6）使图片处于被选中的状态，切换到"图片工具 | 格式"选项卡，单击"排列"功能组中的"环绕文字"按钮，选择"浮于文字上方"选项，使图片显示出来。

（7）利用鼠标拖动图片到"2016.12-2017.06"文本框下方。

（8）利用同样的方法，将素材文件夹中的"3.png"和"4.png"图片插入文档，并设置其格式与位置。效果如图1-26所示。

图1-26　图片添加完成后的效果

至此，实习经验版块制作完成。

1.2.6 制作荣誉与成就版块

微课视频

制作荣誉与成就
版块

个人所取得的荣誉与成就是个人能力的证明，此版块可以利用 Word 中的 SmartArt 图形制作。具体操作如下。

（1）切换到"插入"选项卡，在"插图"功能组中单击"SmartArt"按钮，打开"选择 SmartArt 图形"对话框，选择"流程"中的"步骤上移流程"选项，如图 1-27 所示。单击"确定"按钮。

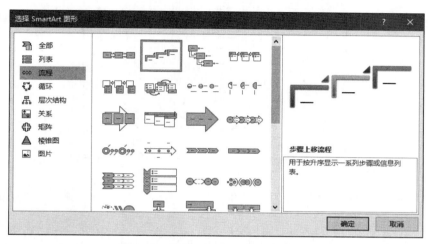

图 1-27 "选择 SmartArt 图形"对话框

（2）切换到"SmartArt 工具 | 格式"选项卡，单击"排列"功能组中的"环绕文字"按钮，从下拉列表中选择"浮于文字上方"选项，使 SmartArt 图形显示出来。调整 SmartArt 图形的大小，并将其移动到"实习经验"版块下方。

（3）切换到"SmartArt 工具 | 设计"选项卡，在"创建图形"功能组中单击"添加形状"按钮右侧的下拉按钮，从其下拉列表中选择"在后面添加形状"选项，如图 1-28 所示。使当前的 SmartArt 图形拥有 4 个形状。

（4）在 SmartArt 图形的文本框中输入图 1-29 所示的文本内容。

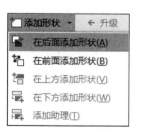

图 1-28 "在后面添加形状"选项

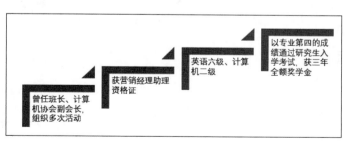

图 1-29 SmartArt 图形文本内容

（5）选中 SmartArt 图形，切换到"开始"选项卡，在"字体"功能组中，设置文本的字体为"仿宋"，字号为"10"。

（6）将光标定位于"曾任班长……"文字的起始处，切换到"插入"选项卡，在"符号"功能组中单击"符号"按钮，选择"其他符号"选项，打开"符号"对话框，在"字体"下拉列表中选择"宋体"，在"子集"下拉列表中选择"其他符号"，选择列表中的实心五角星，如图1-30所示。单击"插入"按钮，将符号插入文档。

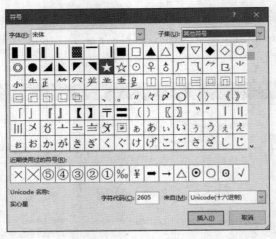

图1-30 "符号"对话框

（7）选中所插入的实心五角星符号，在"开始"选项卡中设置其颜色为"标准色"中的"红色"。

（8）用同样的方法在另外3处文字的起始处插入实心五角星形状。

（9）选中SmartArt图形，切换到"SmartArt工具 | 设计"选项卡，在"SmartArt样式"功能组中单击"更改颜色"按钮，从其下拉列表中选择"个性色2"栏中的"渐变循环 - 个性色2"选项，如图1-31所示。

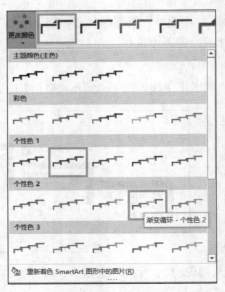

图1-31 "更改颜色"列表

（10）切换到"插入"选项卡，在"文本"功能组中单击"艺术字"按钮，从下拉列表中选择"填充：橙色，主题色2；边框：橙色，主题色2"选项，在页面最下方插入艺术字。

（11）选中艺术字，并输入文字"寻求能够不断学习进步，有一定挑战性的工作"，设置文字字体为"宋体"，字号为"三号"，加粗。

（12）使艺术字处于被选中的状态，切换到"绘图工具 | 格式"选项卡，在"艺术字样式"功能组中单击"文本效果"下拉按钮，从弹出的下拉列表中选择"转换"→"跟随路径"→"拱形"选项，如图1-32所示。

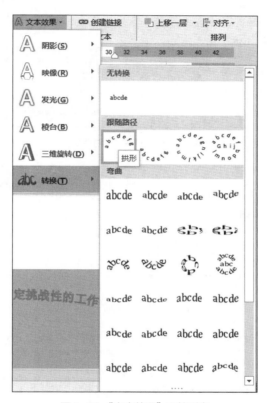

图1-32 "文本效果"下拉列表

1.2.7 保存文档

文档制作完成后，要及时进行保存，具体操作如下。

单击"文件"按钮，选择"保存"命令，单击"浏览"按钮，打开"另存为"对话框，设置对话框中的保存路径与文件名，如图1-33所示。单击"保存"按钮，完成文档的保存。

在日常工作中，为了避免死机或突然断电造成文档数据的丢失，可以启用自动保存功能。具体操作如下。

单击"文件"按钮，在列表中单击"选项"，弹出"Word选项"对话框，选择列表中的"保存"选项，单击选中"保存自动恢复信息时间间隔"复选框，并在后面的数值框中输入自动保存的间隔时间，如图1-34所示。单击"确定"按钮，关闭对话框，返回文档中。

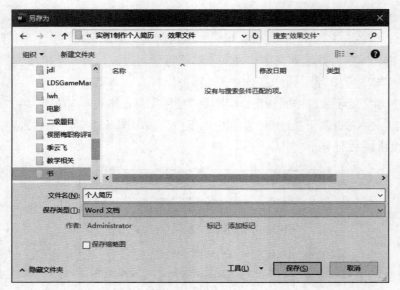

图 1-33 "另存为"对话框

图 1-34 "Word 选项"对话框

至此，任务完成。

1.3 任务小结

通过个人简历的制作，我们学习了 Word 2016 文档的新建、文档的页面设置、自选图形的绘制与格式设置、艺术字的使用、文本框的使用、项目符号的使用、SmartArt 图形的使用、保存文档等操作。在实际操作中需要注意：对 Word 中的文本进行格式设置时，必须先选定要设置的文本，之后再进行相关操作。

1.4 经验技巧

1.4.1 高频词的巧妙输入

在 Word 中可以利用两种功能来完成高频词的输入。

（1）利用 Word 的"自动图文集"功能。

利用 Word 的"自动图文集"功能有两种方法实现。

方法一：建立高频词。

如"江苏省南京市宏宇商贸有限公司"为某个文件中的一个高频率出现的词，为了方便输入，可以先选中该词，然后单击快速访问工具栏中的"自动图文集"按钮（注：一般情况下，"自动图文集"按钮未显示在快速访问工具栏中，需要通过自定义方式将其添加到快速访问工具栏中），从下拉列表中执行"将所选内容保存到自动图文集库"命令，打开"新建构建基块"对话框，然后输入该"自动图文集"词条的名称（可根据实际的词语名称简写，如"hy"），完成后单击"确定"按钮。

方法二：在文件中使用建立的高频词。每次要输入该词语的时候，只要单击快速访问工具栏中的"自动图文集"按钮，然后从列表中选择要输入的词汇即可。

（2）采用 Word 的替换功能。

这个频繁出现的词在输入时可以用一个特殊的符号代替，如采用"hy"（双引号不用输入），输入完成后可在"开始"选项卡的"编辑"功能组中单击"替换"按钮（或直接利用组合键 <Ctrl+H>），打开"查找和替换"对话框，在"查找内容"后的文本框中输入要查找的内容"hy"，在"替换为"后的文本框中输入"江苏省南京市宏宇商贸有限公司"，最后单击"全部替换"按钮即可快速完成这个词组的替换输入。

1.4.2 快速输入省略号与当前日期

1．快速输入省略号

在 Word 中输入省略号时经常采用选择"插入"→"符号"→"符号"的方法。其实，只要按 <Ctrl+Alt+.> 组合键两次便可快速输入省略号，并且在不同的输入法下都可以采用这个方法快速输入。

2．快速输入当前日期

在 Word 中输入文字时，经常遇到需要输入当前日期的情况，要输入当前日期，只需单击"插入"→"文本"→"日期和时间"按钮，从"日期和时间"对话框中选择需要的日期格式，单击"确定"按钮就可以了。

1.4.3 快速切换英文大小写

在输入文字时，经常出现需要反复切换英文大、小写的情况。当需对已输入的英文词组进行大写或小写变换时，可以先选中需更改大小写设置的文字，然后重复按 <Shift+F3> 组合键即可在"全部大写""全部小写"和"首字母大写，其他字母小写"3 种方式中切换。

1.4.4　同时保存所有打开的 Word 文档

有时在同时编辑多个 Word 文档时，每个文件要逐一保存，既费时又费力，有没有简单的方法呢？

用以下方法可以快速保存所有打开的 Word 文档。具体操作如下。

用鼠标右键单击"文件"上方的快速访问工具栏，在弹出的快捷菜单中单击"自定义快速访问工具栏"，打开"Word 选项"对话框。在"从下列位置选择命令"框中选择"不在功能区中的命令"选项，在下方的列表中选择"全部保存"项，并单击"添加"按钮将其添加到快速访问工具栏中，再单击"确定"按钮返回，"全部保存"按钮便出现在快速访问工具栏中了。有了这个"全部保存"按钮，就可以一次保存所有文件了。

1.4.5　关闭拼写错误标记

在编辑 Word 文档时，经常会遇到许多绿色的波浪线，怎么取消？ Word 2016 中有个拼写和语法检查功能，通过它用户可以对键入的文字进行实时检查。系统是采用标准语法检查的，因而在编辑文档时，在一些常用语或网络语言下方会产生红色或绿色的波浪线，有时候这会影响用户的工作。这时可以将它们隐藏，待编辑完成后再进行检查。方法如下。

（1）右键单击状态栏上的"拼写和语法状态"图标 ，从弹出的快捷菜单中取消勾选"拼写和语法检查"项后，错误标记便会立即消失。

（2）如果要进行更详细的设定，可以单击"文件"→"选项"命令，打开"Word 选项"对话框，从列表中选择"校对"后，对拼写和语法进行详细的设置，如拼写和语法检查的方式、自定义词典等。

1.5　拓展训练

某知名企业要举办一场针对高校学生的大型职业生涯规划活动，并邀请了很多业内人士和资深媒体人参加，该活动由著名职场达人、东方集团的老总陆达先生担任演讲嘉宾，因此吸引了各高校学生纷纷前来听讲座。为了此次活动能够圆满举办，并能引起各高校学生的广泛关注，该企业行政部准备制作一份精美的宣传海报。请根据上述活动的描述，结合素材中的文件，利用 Word 2016 制作一份宣传海报。效果如图 1-35 所示。具体要求如下。

（1）调整文档的版面，要求页面高度为 36 厘米，页面宽度为 25 厘米，上、下页边距为 5 厘米，左、右页边距为 4 厘米。

（2）将素材中的"背景图片 .jpg"设置为海报背景。

（3）设置标题文本"'职业生涯'规划讲座"的字体为"隶书"，字号为"二号"，加粗。

（4）根据页面布局需要，调整海报内容中"演讲题目""演讲人""演讲时间""演讲日期""演讲地点"信息的行距为 1.5 倍行距。

（5）在"演讲人："后面输入报告人的姓名"陆达"，从"主办：行政部"后面另起一页，并设置第 2 页的页面纸张大小为 A4，纸张方向设置为"横向"，此页页边距设置为"常规"。

（6）在第 2 页的"报名流程："下面，利用 SmartArt 制作本次活动的报名流程图（行政部报名→确认坐席→领取资料→领取门票）。

（7）将演讲人照片更换为素材中的"luda.jpg"照片，并将该照片调整到适当位置，且不要遮挡文档中的文字内容。

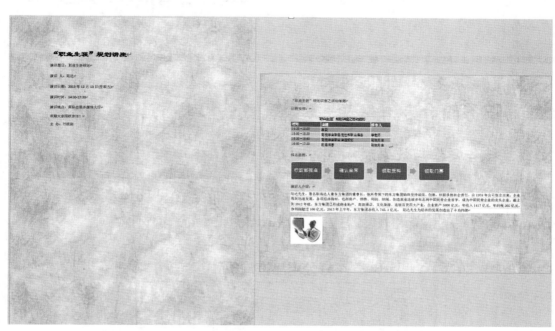

图 1-35　宣传海报效果图

CHAPTER 2

任务 2
制作办公用品订购单

2.1 任务简介

2.1.1 任务要求与效果展示

得力办公用品经营部是一家以省内办公用品销售为主要业务的办公用品批发公司。为了发展省外的网上订购与配送业务，现需要制作一份办公用品订购单。经理要求秘书部的小王借助 Word 2016 提供的表格制作功能完成此次任务。效果如图 2-1 所示。

办公用品订购单

订购日期：	年	月	日			单号：	
订购人资料	□会员订购	会 员 编 号	姓	名	手 机 号 码		
	□首次订购						
	姓 名		电 子 邮 箱				
	手 机 号 码		身 份 证 号				
	联 系 地 址	省	市	县/区			
收货人资料	★指定其他收货地址或收货人时请填写						
	姓 名		手 机 号 码				
	收 货 地 址	省	市	县/区			
	备 注	★有特殊送货要求请说明					
订购用品资料	货 号	名 称	单价（元）	数量（个）	金 额（元）		
	3399	得力中性笔	10.5	288	¥3,024.00		
	5623	档案盒	9.5	300	¥2,850.00		
	9848	得力文件架	33	50	¥1,650.00		
	0371	订书机	23.9	50	¥1,195.00		
	合计：¥8,719.00 元						
结 算 方 式	□直接支付	□货到付款					
付 款 方 式	□银行汇款	□支付宝转账	□微信转账				
配 送 方 式	□普通包裹	□送货上门					
注意事项	1）各项信息请务必详细填写，以便尽快为您服务。 2）在收到你的订单后，我们的客服人员会及时与您联系，以确认订单。 3）订单一经确认，我们将在 5 个工作日内发货。 4）收货后如遇数量不符或质量问题请及时与我们的客服人员联系。 5）如需咨询订购流程或商品信息，可拨打公司免费订购与咨询电话：010-********。						

图 2-1 办公用品订购单效果图

2.1.2　知识技能目标

本任务涉及的知识点主要有：表格的创建、表格中单元格的合并与拆分、表格边框和底纹的设置、公式和函数的使用。

知识技能目标如下。

- 掌握表格的创建。
- 掌握表格中单元格的合并与拆分。
- 掌握表格内容的输入与编辑。
- 掌握表格边框与底纹的制作。
- 掌握表格中公式和函数的使用。
- 掌握表格标题行跨页的设置。

2.2　任务实施

办公用品订购单应具备以下的特色。

（1）将订购单划分为订购人资料、收货人资料、订购用品资料、结算方式、付款方式、配送方式等几个区域。

（2）整个表格的外边框、不同区域之间的边框以双实线来表示。

（3）重点部分用粗体来注明。

（4）为表明注意事项中提及的内容的重要性，用编号对其进行组织。

（5）对于选择性的项目，可以插入空心方框作为选择框。

（6）为重点部分或者不需要填写的单元格填充比较醒目的底色。

（7）可以快速计算出单个商品的金额，以及订购的总金额。

制作此表格的流程如下。

（1）创建表格。

（2）编辑表格。

（3）输入与编辑订购单内容。

（4）设置与美化表格。

（5）计算表格数据。

2.2.1　表格的创建

创建表格之前，应事先规划好行数和列数，以及表格的大概结构。最好先在纸上绘制出表格的草图，再在 Word 文档中创建。操作步骤如下。

（1）执行"开始"→"Word 2016"命令，启动 Word 2016，新建一个空白 Word 文档。

（2）切换到"布局"选项卡，单击"页面设置"功能组右下角的对话框启动器按钮，在弹出的"页面设置"对话框中，将"页边距"选项卡中的上、下页边距均设置为 2.5 厘米，左、右页边距均设置为 1.5 厘米，如图 2-2 所示。单击"确定"按钮，完成页面设置。

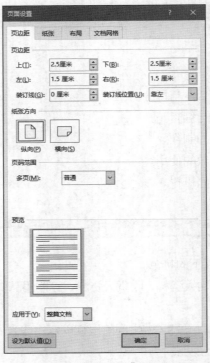

图 2-2 "页面设置"对话框

（3）在文档的首行输入标题"办公用品订购单"，并按 <Enter> 键，将插入点移到下一行。

（4）切换到"插入"选项卡，单击"表格"功能组中的"表格"按钮，在下拉列表中选择"插入表格"命令，如图 2-3 所示。弹出"插入表格"对话框，在"表格尺寸"栏中，将"列数""行数"分别设置为"5"和"24"，如图 2-4 所示，设置完成后，单击"确定"按钮，完成表格的插入。

图 2-3 "插入表格"命令

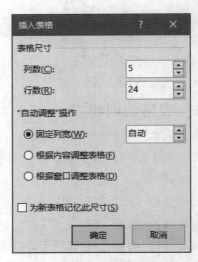

图 2-4 "插入表格"对话框

（5）选中标题行文本"办公用品订购单"，切换到"开始"选项卡，在"字体"功能组中将选中的文本的字体设置为"微软雅黑"，加粗，字号设置为"一号"，在"段落"功能组中单击"居中"按钮，将文字的对齐方式设置为"居中"对齐，如图 2-5 所示。

图 2-5 "字体""段落"功能组

（6）将光标移动到表格右下角的表格大小控制点上，按住鼠标左键不放，向下拖动，增大表格高度。结果如图 2-6 所示。

图 2-6 调整表格高度后效果图

2.2.2 合并和拆分单元格

表格创建完成后，由于表格结构过于简单，与任务所要求的表格相差较大，需要对单元格进行合并或拆分，同时需要设置表格的列宽。操作步骤如下。

（1）将光标移到第 1 列的上方，当光标变成黑色实心向下箭头时，单击鼠标左键，选中第 1 列，切换到"表格工具 | 布局"选项卡，在"单元格大小"功能组中设置"宽度"的值为"2 厘米"，如图 2-7 所示。之后选中表格的第 2 ~ 5 列，设置其列宽的值为"4 厘米"。

（2）选择表格第 1 行，切换到"表格工具 | 布局"选项卡，在"合并"功能组中单击"合并单元格"按钮，如图 2-8 所示，将第 1 行单元格合并。

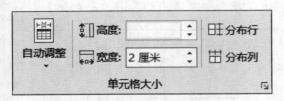

图2-7 设置列宽

图2-8 "合并单元格"按钮

（3）用同样的方法合并第1列中的第2～6行单元格、第2列中的第2～3行单元格、第6行中的第3～5列单元格、第1列中的第7～11行单元格、第7行中的第2～5列单元格、第9行中的第3～5列单元格、第2列中的第10～11行单元格、第10～11行中的第3～5列单元格、第1列中的第12～17行单元格、第17行中的第2～5列单元格、第18行中的第1～2列单元格、第18行中的第3～5列单元格、第19行中的第1～2列单元格、第19行中的第3～5列单元格，第20行中的第1～2列单元格、第20行中的第3～5列单元格、第1列中的第21～24行单元格、第21～24行中的第2～5列单元格，效果如图2-9所示。

图2-9 合并单元格后的效果

（4）选中第12～16行的第3～5列单元格区域，切换到"表格工具 | 布局"选项卡，在"合并"功能组中单击"拆分单元格"按钮，弹出"拆分单元格"对话框，在"列数"和"行数"中分别输入"4"和"5"，如图2-10所示。单击"确定"按钮，完成对单元格的拆分。注意：在"拆分单元格"对话框中一定要保持"拆分前合并单元格"复选框的被选中状态。

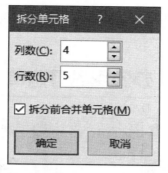

图 2-10 "拆分单元格"对话框

（5）将光标定位于第 2 列的第 2 个单元格中，切换到"表格工具 | 设计"选项卡，在"边框"功能组中单击"边框"按钮，从下拉列表中选择"斜下框线"命令，如图 2-11 所示，为单元格绘制表头斜线。

（6）单击表格左上角的表格移动控制点符号，选中整个表格，切换到"开始"选项卡，单击"段落"功能组中的"居中"按钮，使表格居中，效果如图 2-12 所示。

图 2-11 "斜下框线"命令

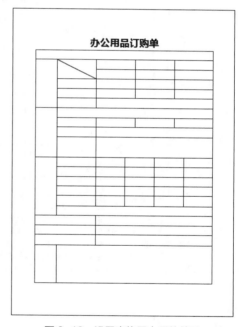

图 2-12 设置表格居中后的效果

2.2.3 输入与编辑表格内容

表格框架制作完成后，即可在表格中输入文本内容，设置文本的对齐方式。操作步骤如下。

（1）单击表格左上角的表格移动控制点符号，选中整个表格，切换到"开始"选项卡，在"字体"功能组中设置表格字体为"宋体"，字号为"五号"。

微课视频

输入与编辑表格内容

（2）在表格的各单元格中输入图 2-13 所示的文本内容。

办公用品订购单

订购日期：	年	月	日		单号：	

订购人资料	□会员订购 / □首次订购	会 员 编 号	姓 名	手 机 号 码		
	姓 名		电 子 邮 箱			
	手 机 号 码		身 份 证 号			
	联 系 地 址	省	市	县/区		

收货人资料	指定其他收货地址或收货人时请填写					
	姓 名		手 机 号 码			
	收 货 地 址	省	市	县/区		
	备 注	★有特殊送货要求请说明				

订购用品资料	货 号	名 称	单价（元）	数量（个）	金 额（元）
		得力中性笔			
		档案盒			
		得力文件架			
		订书机			
	合计： 元				

结 算 方 式	直接支付	货到付款	
付 款 方 式	银行汇款	付宝转账	微信转账
配 送 方 式	普通包裹	送货上门	

注意事项	各项信息请务必详细填写，以便尽快为您服务。 在收到你的订单后，我们的客服人员会及时与您联系，以确认订单。 订单一经确认，我们将在 5 个工作日内发货。 收货后如遇数量不符或质量问题请及时与我们的客服人员联系。 如需咨询订购流程或商品信息，可拨打公司免费订购与咨询电话：010-********。

图 2-13 输入表格内容

（3）选中"收货人资料"区域中的"指定其他收货地址或收货人时请填写"与"有特殊送货要求请说明"文本内容，切换到"开始"选项卡，单击"字体"功能组中的"加粗"按钮，将选中的文本加粗。

（4）将插入点定位于文本"会员订购"的前面，切换到"插入"选项卡，在"符号"功能组中单击"符号"按钮，选择"其他符号"命令，打开"符号"对话框，在"字体"下拉列表中选择"（普通文本）"选项，在"子集"下拉列表框中选择"几何图形符"选项，接着选择空心方框符号，如图 2-14 所示。单击"插入"按钮，再单击"关闭"按钮，完成空心方框符号的插入。

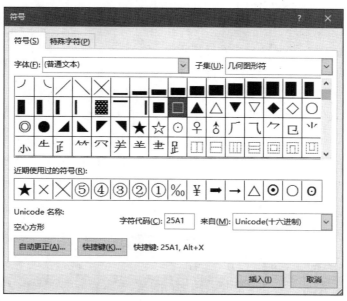

图 2-14 "符号"对话框

（5）用同样的方法，在表格中的"首次订购""直接支付""货到付款""银行汇款""支付宝转账""微信转账""普通包裹""送货上门"文本前插入空心方框符号。

（6）将插入点分别定位于"指定其他收货地址或收货人时请填写"和"有特殊送货要求请说明"文字前，再次打开"符号"对话框，在文字前面添加"★"符号。

（7）选择"注意事项"右侧单元格中的所有内容，切换到"开始"选项卡，单击"段落"功能组中的"编号"按钮，为其添加图 2-15 所示的编号格式。

图 2-15 "编号"列表

25

（8）单击表格左上角的表格移动控制点符号，选中整个表格，切换到"表格工具 | 布局"选项卡，在"对齐方式"功能组中单击"中部左对齐"按钮，如图2-16所示，使表格中的文本在竖直方向居中。

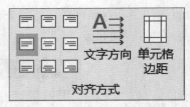

图2-16 "中部左对齐"按钮

（9）按住 <Ctrl> 键，选中表格中有说明性文字的单元格，如"会员编号""姓名"等，切换到"开始"选项卡，单击"段落"功能组中的"分散对齐"按钮，使选中的单元格的文本均匀对齐。

（10）选择"订购人资料""收货人资料""订购用品资料"3个单元格中的文本，切换到"开始"选项卡，单击"段落"功能组中的"分散对齐"按钮，之后切换到"表格工具 | 布局"选项卡，单击"对齐方式"功能组中的"文字方向"按钮，将文本的方向改成"纵向"。效果如图2-17所示。

办公用品订购单

订购日期：	年	月	日		单号：	
订购人资料	□会员订购 □首次订购	会员编号	姓 名		手机号码	
	姓 名		电子邮箱			
	手机号码		身份证号			
	联系地址	省	市	县/区		
收货人资料	指定其他收货地址或收货人时请填写					
	姓 名		手机号码			
	收货地址	省	市	县/区		
	备 注	★有特殊送货要求请说明				
订购用品资料	货 号	名 称	单价（元）	数量（个）	金额（元）	
		得力中性笔				
		档案盒				
		得力文件架				
		订书机				
	合计： 元					
结 算 方 式	直接支付	货到付款				
付 款 方 式	银行汇款	付宝转账	微信转账			
配 送 方 式	普通包裹	送货上门				
注意事项	1）各项信息请务必详细填写，以便尽快为您服务。 2）在收到你的订单后，我们的客服人员会及时与您联系，以确认订单。 3）订单一经确认，我们将在5个工作日内发货。 4）收货后如遇数量不符或质量问题请及时与我们的客服人员联系。 5）如需咨询订购流程或商品信息，可拨打公司免费订购与咨询电话：010-********。					

图2-17 文本对齐方式设置完成后的效果

2.2.4 美化表格

通过对表格的边框和底纹进行设置，可以美化表格。操作步骤如下。

（1）单击表格左上角的表格移动控制点符号选中整个表格。切换到"表格工具 | 设计"选项卡，单击"边框"功能组中的"边框"按钮，在下拉列表中选择"边框和底纹"命令，打开"边框和底纹"对话框。在"边框"选项卡的"设置"栏中选择"自定义"选项，在"样式"的列表框中选择"双线"选项，单击"预览"栏中的上、下、左、右4条边框线，如图 2-18 所示。单击"确定"按钮，完成整个表格的外侧边框线设置。

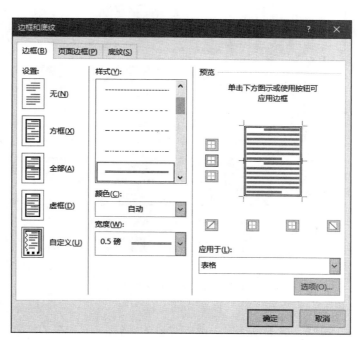

图 2-18 "边框和底纹"对话框

（2）选择"订购人资料"区域中的全部单元格，切换到"表格工具 | 设计"选项卡，单击"边框"功能组中的"边框"按钮，在下拉列表中选择"下框线"命令，如图 2-19 所示。将此区域的下边框设置成双线，以便与其他区域分隔开。

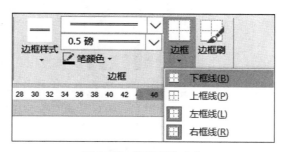

图 2-19 "下框线"命令

（3）用同样的方法，为"收货人资料""订购用品资料""配送方式"3个区域设置"双线"线型的下边框效果，如图2-20所示。

办公用品订购单

订购日期：	年		月		日		单号：	

订购人资料	□会员订购 □首次订购	会 员 编 号	姓 名	手 机 号 码
	姓 名		电 子 邮 箱	
	手 机 号 码		身 份 证 号	
	联 系 地 址	省	市	县/区

收货人资料	★指定其他收货地址或收货人时请填写			
	姓 名		手 机 号 码	
	收 货 地 址	省	市	县/区
	备 注	★有特殊送货要求请说明		

订购用品资料				
	合计：	元		

结 算 方 式	□直接支付	□货到付款	
付 款 方 式	□银行汇款	□支付宝转账	□微信转账
配 送 方 式	□普通包裹	□送货上门	

注意事项	1）各项信息请务必详细填写，以便尽快为您服务。 2）在收到你的订单后，我们的客服人员会及时与您联系，以确认订单。 3）订单一经确认，我们将在5个工作日内发货。 4）收货后如遇数量不符或质量问题请及时与我们的客服人员联系。 5）如需咨询订购流程或商品信息，可拨打公司免费订购与咨询电话：010-********。

图2-20 边框设置完成后的效果

（4）选择"订购人资料"单元格，切换到"表格工具｜设计"选项卡，单击"表格样式"功能组中的"底纹"按钮，从下拉列表中选择"蓝色，个性1，淡色60%"选项，如图2-21所示，为此单元格添加底纹。

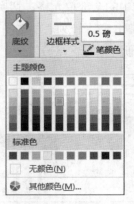

图2-21 设置底纹

（5）用同样的方法，为表格中包含说明性文字的其他单元格添加同样的底纹，效果如图 2-22 所示。

办公用品订购单

| 订购日期： | 年 | 月 | 日 | 单号： |

订购人资料	□会员订购 □首次订购	会 员 编 号	姓 名	手机号码
	姓 名		电 子 邮 箱	
	手 机 号 码		身 份 证 号	
	联 系 地 址	省	市 县/区	

收货人资料	★指定其他收货地址或收货人时请填写			
	姓 名		手 机 号 码	
	收 货 地 址	省 市 县/区		
	备 注	★有特殊送货要求请说明		

图 2-22 底纹设置完成后的效果（部分）

（6）单击"保存"按钮，将文档以"办公用品订购单"命名，进行保存。至此，一份空白的办公用品订购单制作完成。

2.2.5 表格数据的计算

空白的办公用品订购单制作完成后，有订单数据时，需要在表格中录入订单中的订购物品的名称、单价及数量，并且可以利用 Word 提供的简易公式进行计算，得到订购物品的金额。操作步骤如下。

（1）在表格的"订购用品资料"区域中输入说明性文字和办公用品的货号、名称、单价及数量，设置单元格内容的对齐方式，为包含说明性文字内容的单元格添加底纹，如图 2-23 所示。

微课视频

表格数据的计算

订购用品资料	货 号	名 称	单价（元）	数量（个）	金额（元）
	3399	得力中性笔	10.5	288	
	5623	档案盒	9.5	300	
	9848	得力文件架	33	50	
	0371	订书机	23.9	50	
	合计： 元				

图 2-23 订购的办公用品信息输入完成后的效果

（2）将光标定位于"3399"所在行的最后一个单元格，即"金额（元）"下方的单元格中，切换到"表格工具 | 布局"选项卡，单击"数据"功能组中的"公式"按钮，如图 2-24 所示，弹出"公式"对话框。

（3）删除"公式"中的"SUM（LEFT）"，单击"粘贴函数"下方的下拉按钮，从下拉列表中选择"PRODUCT"选项，设置 PRODUCT 函数的参数为"left"（此函数的功能是对左边的数据进行乘法计算操作），之后在"编号格式"下拉列表中选择"¥#,##0.00;(¥#,##0.00)"选项，如图 2-25 所示。设置完成后，单击"确定"按钮，完成货号为"3399"的商品的金额计算。

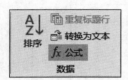

图 2-24 "公式"按钮

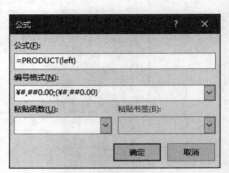

图 2-25 "公式"对话框

（4）用同样的方法，为其他订购的办公用品计算订购金额，如图 2-26 所示。

	货　　　号	名　　　称	单价（元）	数量（个）	金额（元）
订购用品资料	3399	得力中性笔	10.5	288	¥3,024.00
	5623	档案盒	9.5	300	¥2,850.00
	9848	得力文件架	33	50	¥1,650.00
	0371	订书机	23.9	50	¥1,195.00
	合计：　　　元				

图 2-26 计算各商品的订购金额后的效果

（5）将插入点置于"合计："后，打开"公式"对话框，使用其中的默认公式"=SUM(ABOVE)"，在"编号格式"下拉列表中选择"¥#,##0.00;(¥#,##0.00)"选项，单击"确定"按钮，计算出该订购单的总金额。

（6）单击"保存"按钮，保存文档，任务完成。

2.3　任务小结

通过办公用品订购单的制作，我们学习了表格的创建、单元格的合并与拆分、表格边框和底纹的设置、利用公式或函数进行计算等。在实际操作中需要注意以下问题。

（1）要对表格中的内容进行编辑，应先选择表格中相应的单元格。

（2）在日常工作中，经常会出现表格跨两页的情况，要解决这个问题，可以通过"表格属性"对话框中的设置来解决。具体操作如下。

单击表格任意单元格，切换到"表格工具 | 布局"选项卡，在"表"功能组中单击"属性"按钮，打开"表格属性"对话框。切换到"行"选项卡，在"选项"栏中选中"在各页顶端

以标题行形式重复出现"复选框，如图 2-27 所示。单击"确定"按钮，即可使表格标题行跨页重复显示。

（3）当表格大小超过一页时，为了使表格美观，可以打开"表格属性"对话框，在"行"选项卡中取消选中"允许跨页断行"复选框，防止表格中的文本被分成两部分。

（4）当用户需要把 Word 表格中指定的单元格或整张表格转换为文本内容时，可以选中需要转换的单元格或表格，通过"表格工具 | 布局"选项卡中的"数据"功能组中的"转换为文本"命令实现。

（5）用户也可以将文字转换成表格。其中关键操作是使用分隔符号将文本合理分隔，Word 2016 能够识别常见的分隔符，如段落标记、制表符、逗号等。操作方法如下。

选中需要转换为表格的文本，切换到"插入"选项卡，在"表格"功能组中单击"表格"按钮，在下拉列表中选择"文本转换成表格"命令，弹出"将文字转换成表格"对话框，如图 2-28 所示。使用默认的行数和列数，单击"确定"按钮，即可将文字转换成表格。

图 2-27 "表格属性"对话框

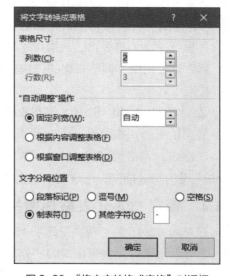

图 2-28 "将文字转换成表格"对话框

2.4 经验技巧

2.4.1 快速输入大写中文数字

利用"编号"功能，可输入大写中文数字。操作步骤如下。

（1）将光标定位到需要输入大写中文数字处。

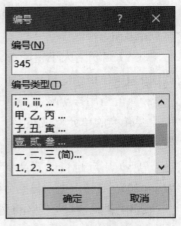

图 2-29 "编号"对话框

（2）切换到"插入"选项卡，在"符号"功能组中单击"编号"按钮，弹出"编号"对话框。

（3）在"编号"对话框中输入数字，如"345"，在"编号类型"列表框中选择"壹，贰，叁 ..."选项，如图 2-29 所示。单击"确定"按钮，即可在光标处显示出"345"的大写中文形式"叁佰肆拾伍"。

2.4.2 轻松输入漂亮符号

在 Word 中经常会看到一些漂亮的图形符号，像"📠""🖂""👓"等，这些符号不是通过粘贴图形得到的。Word 中有几种自带的字体可以产生这些漂亮、实用的图形符号。在需要产生这些符号的位置，先把字体更改为"Wingdings" "Wingdings2" "Wingdings3" 或其他相关字体，然后试着在键盘上敲击键，像 <7>、<9>、<a> 等，此时就会产生这些漂亮的图形符号了。如把字体改为"Wingdings"，再在键盘上按 <d> 键，便会产生一个"Ω"图形（注意区分大小写，大写状态下得到的图形与小写状态下得到的图形不同）。

2.4.3 <Alt> 键、<Ctrl> 键和 <Shift> 键在表格中的妙用

1．使用 <Alt> 键精确调整表格

用鼠标手动调整表格边线操作起来比较困难，无法精确调整。其实只要按住 <Alt> 键不放，然后试着用鼠标调整表格的边线，表格的标尺就会发生变化，精确到 0.01 厘米，精确度明显提高了。

2．<Ctrl> 键和 <Shift> 键在表格中的妙用

通常情况下，拖曳竖向表格线可调整相邻的两列的列宽。在按住 <Ctrl> 键的同时拖曳竖向表格线，表格列宽将改变，增加或减少的列宽由其右方的列共同分享或分担；在按住 <Shift> 键的同时拖曳，只改变该表格线左方的列宽，其右方的列宽不变。

2.4.4 锁定 Word 表格标题栏

在 Word 2016 的"视图"选项卡中单击"窗口"功能组中的"拆分"按钮，可提供给用户一个可以用来拆分编辑窗口的"分割条"。要使表格顶部的标题栏始终处于可见状态，可将鼠标指针指向"分割条"，当鼠标指针变为分割指针（双箭头）后，将"分割条"向下拖至所需的位置，并释放鼠标左键。此时，Word 编辑窗口被拆分为上、下两部分，这就是两个"窗格"。在下面的"窗格"中任一处单击，可对表格进行编辑操作，而不用担心上面窗格中的表格标题栏会移至屏幕可视范围之外。要将两个"窗格"还原成一个窗口，在"窗口"功能组中单击"取消拆分"按钮即可。

2.4.5 在表格两边输入文字

如果在表格右侧输入文字，Word 2016 会将插入的文字自动添加到表格下一行的第一个

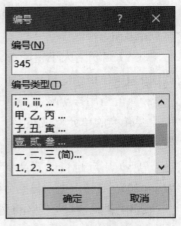

单元格中，无法将文字添加到右侧。这时可以先选中表格的最后一列，然后用鼠标右键单击选中的单元格，从快捷菜单中选择“合并单元格”选项，将其合并成一个单元格，再打开“边框和底纹”对话框，在“边框”选项卡的“设置”栏中选择“自定义”选项，然后用鼠标取消上、下、右边的边框，单击“确定”按钮返回文档，然后在该单元格中输入文字，就排在表格的右边了。

如果想在表格左侧插入文字，则只要用鼠标选中表格最前一列单元格，并把它们合并成一个单元格，然后在“边框和底纹”对话框中取消上、下、左边的边框即可。

2.5 拓展训练

制作面试成绩单，效果如图 2-30 所示。

面试成绩单

<table>
<tr><td>面试职位</td><td></td><td>姓　名</td><td></td><td>年　龄</td><td></td><td>面试编号</td><td></td></tr>
<tr><td>居 住 地</td><td colspan="3"></td><td>联系方式</td><td colspan="3"></td></tr>
<tr><td>时　间</td><td colspan="2"></td><td>毕业学校</td><td colspan="2"></td><td>专　业</td><td></td></tr>
<tr><td>学　历</td><td colspan="2"></td><td>期望月薪</td><td colspan="2"></td><td>专　长</td><td></td></tr>
<tr><td colspan="8">工作经验</td></tr>
<tr><td colspan="8"></td></tr>
<tr><td colspan="8">面试考评</td></tr>
<tr><td colspan="3">问题</td><td colspan="3">回答</td><td colspan="2">评分（分数）</td></tr>
<tr><td colspan="3" rowspan="2">1</td><td colspan="3" rowspan="2"></td><td colspan="2"></td></tr>
<tr><td>理由</td><td></td></tr>
<tr><td colspan="3" rowspan="2">2</td><td colspan="3" rowspan="2"></td><td colspan="2"></td></tr>
<tr><td>理由</td><td></td></tr>
<tr><td colspan="3" rowspan="2">3</td><td colspan="3" rowspan="2"></td><td colspan="2"></td></tr>
<tr><td>理由</td><td></td></tr>
<tr><td colspan="3">综合评定（分数）
A B C D E</td><td colspan="3">考官评语</td><td>分数
总计</td><td></td></tr>
</table>

图 2-30　面试成绩单效果图

CHAPTER 3

任务 3
制作面试流程图

3.1 任务简介

3.1.1 任务要求与效果展示

　　得力办公用品经营部是一家以省内办公用品销售为主要业务的办公用品批发公司。由于公司发展需要，近期将招聘一批新员工，新员工的面试工作由公司人事处负责。人事处秘书小李在此次工作中负责面试流程图的制作。要求小李借助 Word 2016 提供的艺术字、自选图形等功能完成此次任务。效果如图 3-1 所示。

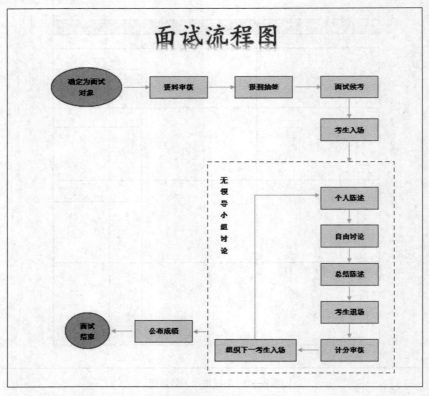

图 3-1　面试流程图效果图

3.1.2 知识技能目标

涉及知识点主要有：利用艺术字制作面试流程图标题、绘制和编辑自选图形、流程图主体框架的制作、绘制连接符。

知识技能目标如下。

- 掌握面试流程图标题的制作。
- 掌握自选图形的绘制和编辑。
- 掌握流程图主体框架的绘制。
- 掌握连接符的绘制。
- 掌握艺术字的添加和设置。

3.2 任务实施

流程图可以给我们清楚地展现出各环节之间的关系，让我们分析或观看起来更加清楚明了。流程图的制作步骤大致如下。

（1）设置页面布局。

（2）制作流程图标题。

（3）绘制流程图主体框架。

（4）绘制连接符。

（5）利用文本框添加说明性文字。

（6）美化流程图。

3.2.1 制作面试流程图标题

为了给流程图保留较大的绘制空间，在制作之前需要先设置一下文档页面。具体操作如下。

微课视频

制作面试流程图标题

（1）启动 Word 2016，新建一个空白文档。

（2）切换到"布局"选项卡，单击"页面设置"功能组右下角的对话框启动器按钮，打开"页面设置"对话框。

（3）将"页边距"选项卡中的上、下、左、右边距均设置为"1 厘米"，如图 3-2 所示。设置完成后，单击"确定"按钮，完成页面设置。

页面设置完成以后，将光标移至首行，通过添加艺术字制作流程图标题，操作步骤如下。

（1）切换到"插入"选项卡，在"文本"功能组中单击"艺术字"按钮，在下拉列表中选择"渐变填充：

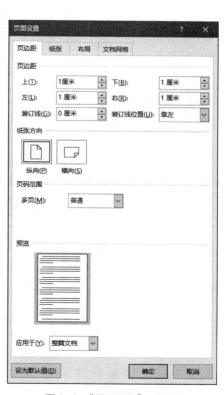

图 3-2 "页面设置"对话框

蓝色，主题色 5；映像"选项，如图 3-3 所示。文档中将自动插入默认文字为"请在此放置您的文字"的所选样式的艺术字。

（2）将"请在此放置您的文字"修改为"面试流程图"。

（3）选中"面试流程图"字样，切换到"开始"选项卡，在"字体"功能组中将艺术字字体设置为"华文楷体"，字号设置为"小初"，加粗，字体颜色设置为"红色"。

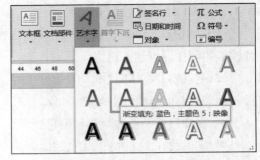

图 3-3 "艺术字"下拉列表

（4）使艺术字处于被选中的状态，切换到"绘图工具 | 格式"选项卡，在"艺术字样式"功能组中单击"文本效果"按钮，从下拉列表中选择"棱台"级联菜单中的"棱台"栏中的"圆形"选项，如图 3-4 所示。

（5）单击"大小"功能组右下角的对话框启动器按钮，打开"布局"对话框，切换到"位置"选项卡，在"水平"栏中选择"对齐方式"单选按钮，单击其右侧的下拉按钮，从下拉列表中选择"居中"选项，从"相对于"右侧的下拉列表中选择"页面"选项，如图 3-5 所示，使选中的艺术字居中对齐。单击"确定"按钮，返回文档中。标题制作完成，效果如图 3-6 所示。

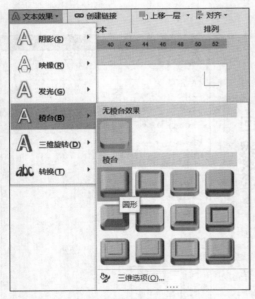

图 3-4 "文本效果"下拉列表

图 3-5 "布局"对话框

面试流程图

图 3-6 标题制作完成后的效果

3.2.2 绘制与编辑图形

在本任务的效果图中，包含有矩形、椭圆、箭头等图形，这些图形对象都是 Word 文档的组成部分。在"插入"选项卡的"插图"功能组中单击"形状"按钮，其下拉列表中包含了上百种自选图形对象，通过使用这些对象可以在文档中绘制出各种各样的图形。以任务中的椭圆形对象为例，操作步骤如下。

（1）切换到"插入"选项卡，在"插图"功能组中单击"形状"按钮，在弹出的下拉列表中选择"椭圆"，如图 3-7 所示。

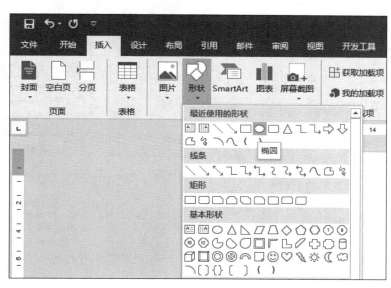

图 3-7 选择"椭圆"

（2）将鼠标指针移到文档中，此时鼠标指针会变成十字指针，在需要插入图形的位置按住鼠标左键并拖动，直至对图形的大小满意后松开鼠标左键，即可在文档中绘制一个椭圆形状。

（3）选择刚刚画好的椭圆，切换到"绘图工具 | 格式"选项卡，在"形状样式"功能组中单击"形状填充"按钮，在弹出的下拉列表中选择"标准色"中的"浅绿"选项，如图 3-8 所示。

（4）在"形状样式"功能组中单击"形状轮廓"按钮，在弹出的下拉列表中选择"标准色"中的"深红"，设置"粗细"为"1.5 磅"，如图 3-9 所示。

（5）右键单击椭圆，从弹出的快捷菜单中选择"编辑文字"命令，如图 3-10 所示。

（6）在光标闪烁处输入文字"确定为面试对象"，输入完成后，选中椭圆图形，切换到"开始"选项卡，在"字体"功能组将文本字体设置为"宋体"，"字号"设置为"五号"，加粗，字体颜色设置为"黑色，文字 1"。完成后效果如图 3-11 所示。

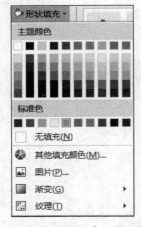

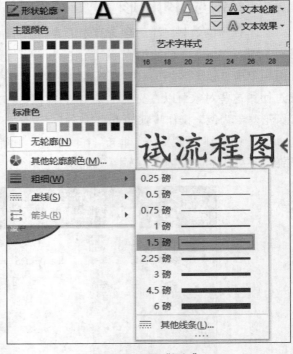

图 3-8 "形状填充"下拉列表　　　　　图 3-9 设置"粗细"

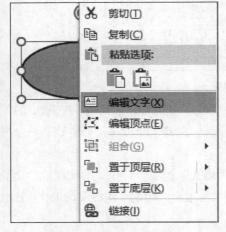

图 3-10 "编辑文字"命令　　　　　图 3-11 文本设置完成后的效果

3.2.3 绘制流程图框架

　　流程图中包含的各个形状需要逐个绘制并进行布局，以形成流程图的框架。操作步骤如下。

　　（1）切换到"插入"选项卡，在"插图"功能组中单击"形状"按钮，在弹出的下拉列表中选择"矩形"，使用鼠标在椭圆的右侧绘制一个矩形。

微课视频

绘制流程图框架与连接符

（2）选中绘制的矩形，设置其"形状填充"为"主题颜色"中的"蓝色，个性色5，淡色80%"；设置其"形状轮廓"为"标准色"中的"深红"，"粗细"为"1.5磅"。

（3）在绘制的矩形中输入文本"资料审核"，设置文本字体为"宋体"，字号为"五号"，颜色为"主题颜色"中的"黑色，文字1"。

（4）根据图3-1，多次复制刚刚绘制的矩形，并依次修改其文本为"报到抽签""面试候考""考生入场""个人陈述""自由讨论""总结陈述""考生退场""计分审核""组织下一考生入场""公布成绩"。复制椭圆，修改其文本为"面试结束"，并调整其大小。

（5）按住 <Shift> 键，依次选中"确定为面试对象""资料审核""报到抽签""面试候考"4个形状，切换到"绘图工具 | 格式"选项卡，在"排列"功能组中单击"对齐"按钮，从下拉列表中选择"垂直居中"选项，如图3-12所示，使选中的4个形状的中心线在同一直线上。

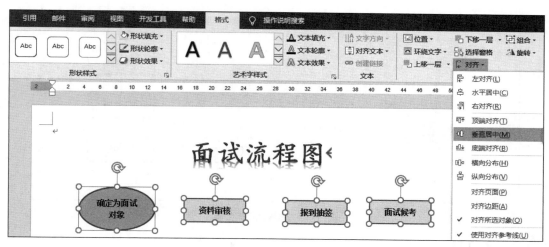

图3-12　设置形状的对齐

（6）使4个形状依然处于被选中的状态，再次单击"对齐"按钮，从下拉列表中选择"横向分布"选项，使4个形状间距相同。

（7）使用同样的方法，依次选择"面试候考""考生入场""个人陈述""自由讨论""总结陈述""考生退场""计分审核"7个形状，设置其对齐方式为"左对齐"；选择"个人陈述""自由讨论""总结陈述""考生退场""计分审核"5个形状，设置其对齐方式为"纵向分布"；选择"计分审核""组织下一考生入场"两个形状，设置对齐方式为"垂直居中"；选择"公布成绩""面试结束"两个形状，设置对齐方式为"垂直居中"。至此，流程图框架绘制完成，效果如图3-13所示。

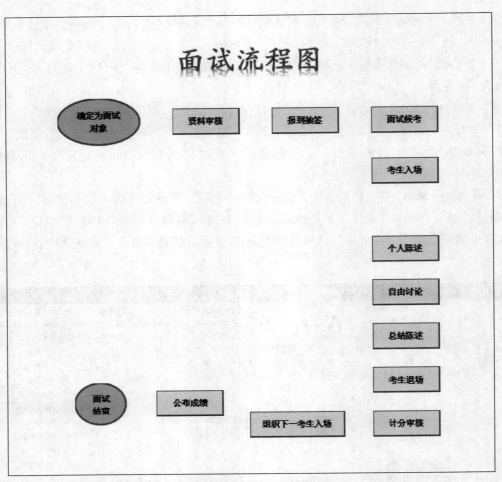

图 3-13 　流程图框架效果

3.2.4　绘制连接符

流程图框架绘制完成后，为流程图的各个图形之间添加连接符，可以让阅读者更清晰、准确地看到面试工作流程的走向。操作步骤如下。

（1）切换到"插入"选项卡，单击"形状"按钮，在下拉列表中选择"线条"类型中的"直线箭头"。使用鼠标在"确定为面试对象"与"资料审核"图形之间绘制一个箭头。设置箭头图形的填充颜色为"标准色"中的"橙色"，"粗细"为"1.5 磅"。

（2）根据图 3-1，使用同样的方法，绘制其他节点间的箭头。

（3）单击"形状"按钮，在下拉列表中选择"线条"类型中的"连接符：肘型箭头"。在"组织下一考生入场"和"个人陈述"形状之间添加一个肘形箭头，设置图形线条为 1.5 磅粗、橙色。

（4）肘形箭头添加完成后，在肘形线上有一个黄色控点，利用鼠标拖动这个控点调整肘形线的形状，如图 3-14 所示。

（5）根据图 3-1，在"考生入场"下方绘制一个矩形，设置矩形的"填充颜色"为"无填充", "粗细"为"1.5磅", "虚线"为"短划线", 如图3-15所示。

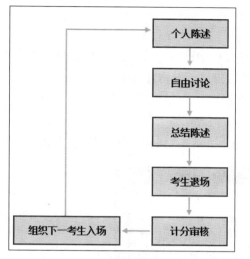

图3-14 肘形箭头调整完成后的效果

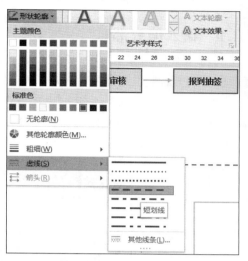

图3-15 设置"虚线"

（6）切换到"插入"选项卡，单击"文本"功能组中的"文本框"按钮，在下拉列表中选择"绘制竖排文本框"命令，使用鼠标在刚刚绘制的矩形内部绘制一个竖排文本框。

（7）在文本框内输入"无领导小组讨论"，选中文本框，设置文本的字体为"宋体"，字号为"五号"，对齐方式为"分散对齐"，设置文本框"形状轮廓"为"无轮廓"，效果如图3-1所示。

（8）保存文档，完成面试流程图的制作。

3.3 任务小结

流程图在我们日常生活中很常见，它用来说明某一个过程。本任务中的面试流程图主要使用了Word中的形状，通过对本任务的学习，应掌握自选图形的插入与设置、连接符的绘制。在实际操作中需要注意以下几个问题。

（1）在制作流程图之前，应先做好草图，这样将使具体操作比较轻松。

（2）流程图制作完成以后，还可以右键单击图形，从弹出的快捷菜单中选择"设置形状格式"命令，打开"设置形状格式"窗格，如图3-16所示。通过窗格中的"填充""三维格式"等选项对图形进行美化。大家可以通过拓展训练中的题目来练习设置。

图3-16 "设置形状格式"窗格

3.4 经验技巧

3.4.1 输入偏旁部首

利用"符号"功能，可输入偏旁部首。如需要在文档中输入部首"犭"，可进行如下操作。

（1）将光标定位到需要输入偏旁部首处，输入"猫"，并将其选中。

（2）切换到"插入"选项卡，在"符号"功能组中单击"符号"按钮，从下拉列表中选择"其他符号"选项，弹出"符号"对话框。

（3）在对话框中选中"犭"，如图3-17所示。单击"插入"按钮，即可将"犭"插入文档。

图3-17 "符号"对话框

3.4.2 用鼠标实现即点即输

在Word中编辑文件时，有时要在文件的最后几行输入内容，通常都是多按几次<Enter>键或空格键，才能将输入点移至目标位置。要在没有使用过的空白页中定位输入点，可以通过双击鼠标左键来实现。

具体操作如下。

单击"文件"按钮，单击"选项"命令，打开"Word选项"对话框；在"高级"列表框的"编辑选项"组中，选中"启用'即点即输'"复选框，这样就可以在文件的空白区域通过双击鼠标左键来定位输入点了。

3.4.3 <Ctrl> 和 <Shift> 键在绘图中的妙用

1．< Ctrl > 键在绘图中的作用

<Ctrl> 键可以在绘图时发挥巨大的作用。在使用绘图工具拖曳绘制的同时按住 <Ctrl> 键，所绘制出的图形以光标起点为中心；在调整所绘制图形大小的同时按住 <Ctrl> 键，可使图形在编辑中心不变的情况下缩放。

2．<Shift> 键在绘图中的作用

需要绘制一个以光标起点为起始点的圆形、正方形或正三角形时，选择某个形状命令后，按住 <Shift> 键在文档内拖动，即可得到。

3.4.4　新建绘图画布

打开 Word 2016 文档窗口，切换到"插入"选项卡。在"插图"功能组中单击"形状"按钮，从下拉菜单中选择"新建绘图画布"命令，将根据页面大小自动插入绘图画布。

3.5　拓展训练

制作请假流程，效果如图 3-18 所示。

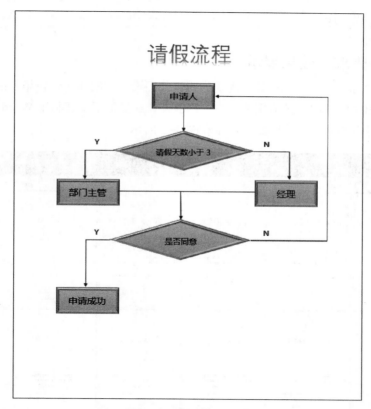

图 3-18　请假流程效果图

CHAPTER 4

任务 4
制作新年贺卡与标签

4.1 任务简介

4.1.1 任务要求与效果展示

元旦来临之际，晨光公司设计部需要为销售部门设计并制作一份新年贺卡以及包含邮寄地址的标签，由销售部门分送给相关客户。要求设计部员工王晓红利用 Word 2016 的邮件功能完成贺卡与标签的制作，效果如图 4-1 和图 4-2 所示。

图 4-1　贺卡效果图

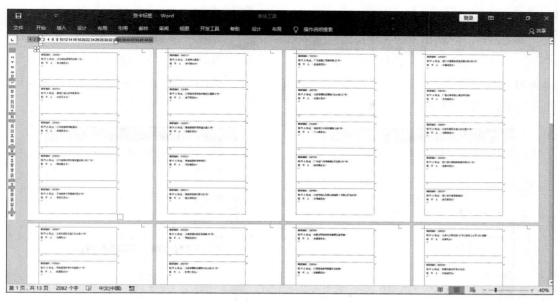

图 4-2　标签效果图

4.1.2　知识技能目标

涉及的知识点主要有：文档页面设置、页面背景设置、设置页眉、绘制分隔线、邮件合并、创建标签操作。

知识技能目标如下。

- 掌握邮件合并的基本操作。
- 掌握利用邮件合并功能批量制作贺卡、标签、邀请函、证书等的方法。
- 加强对批量处理文档的认识和理解，并能够合理地运用。

4.2　任务实施

贺卡、邀请函、录取通知书、荣誉证书等文档的共同特点是形式和主要内容相同，但姓名等个别部分不同，此类文档经常需要批量打印或发送。使用邮件合并功能可以非常轻松地做好此类工作。

邮件合并的原理是将发送的文档中相同的部分保存为一个文档，称为主文档，将不同的部分，如姓名、电话号码等保存为另一个文档，称为数据源，然后将主文档与数据源合并起来，形成用户需要的文档。

4.2.1　创建主文档

主文档是指含有主体内容的文档，创建新年贺卡的主文档，就是输入每个贺卡里面内容相同的文本。主文档的制作步骤如下。

（1）执行"开始"→"Word 2016"命令，启动 Word 2016，创建一个空白文档。

微课视频

创建主文档

（2）切换到"布局"选项卡，单击"页面设置"功能组右下角的对话框启动器按钮，弹出"页面设置"对话框，在"页边距"选项卡中设置"页边距"栏中"上"为"13 厘米"，"下""左""右"均为"3 厘米"，如图 4-3 所示。切换到"纸张"选项卡，将"宽度"设置为"18 厘米"，将"高度"设置为"26 厘米"，如图 4-4 所示。单击"确定"按钮返回文档中，完成文档的页面设置。

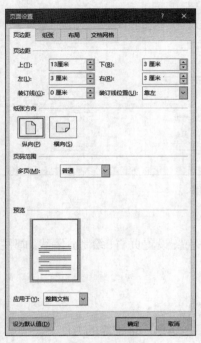

图 4-3　设置"页边距"

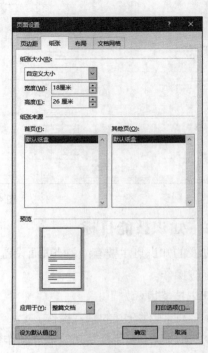

图 4-4　设置"纸张大小"

（3）切换到"设计"选项卡，单击"页面背景"功能组中的"页面颜色"按钮，在下拉列表中选择"填充效果"命令，如图 4-5 所示。弹出"填充效果"对话框，切换到"纹理"选项卡，单击"其他纹理"按钮，在弹出的"选择纹理"对话框中浏览并选中素材文件夹下的"背景.jpg"文件，如图 4-6 所示。单击"插入"按钮，完成页面背景的设置。

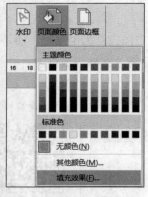

图 4-5　"填充效果"命令

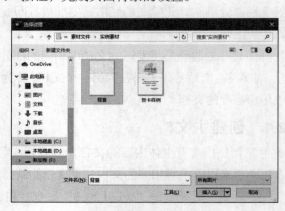

图 4-6　"选择纹理"对话框

（4）切换到"插入"选项卡，单击"页眉和页脚"功能组中的"页眉"按钮，在下拉列表框中选择"编辑页眉"命令，如图 4-7 所示。文档进入页眉页脚的编辑状态。

（5）选中出现的页眉，单击"开始"选项卡下"段落"功能组中的"边框"按钮右侧的下拉按钮，在下拉列表中选择"无框线"命令，如图 4-8 所示，将页眉框线取消。

图 4-7 "编辑页眉"命令

图 4-8 "无框线"命令

（6）切换到"插入"选项卡，在"文本"功能组中单击"艺术字"按钮，在下拉列表中选择艺术字样式"渐变填充: 蓝色, 主题色 5; 映像"选项，如图 4-9 所示。在文本框中输入"恭贺新禧"，选中艺术字文本，切换到"绘图工具 | 格式"选项卡，在"艺术字样式"功能组中设置"文本填充""文本轮廓"均为"标准色"中的"红色"。使艺术字处于被选中的状态，切换到"开始"选项卡，在"字体"功能组中设置文本的字体为"隶书"，字号为"72"，单击"段落"功能组中的"边框"按钮，从下拉列表中选择"无框线"命令，将文本框中出现的下框线取消。

（7）使艺术字处于被选中的状态，单击"绘图工具 | 格式"选项卡下"排列"功能组中的"对齐"按钮，在下拉列表中选择"水平居中"命令，如图 4-10 所示。单击"旋转"按钮，在下拉列表中选择"垂直翻转"命令，完成艺术字的翻转设置，效果如图 4-11 所示。最后单击"页眉和页脚工具 | 设计"选项卡下"关闭"功能组中的"关闭页眉和页脚"按钮，退出页眉页脚的编辑状态。

（8）单击"插入"选项卡下"插图"功能组中的"形状"按钮，在下拉列表中选择"直线"，按住键盘上的 <Shift> 键在页面中绘制一条直线。

（9）选中该直线对象，切换到"绘图工具 | 格式"选项卡，单击"形状样式"功能组中的"形状轮廓"按钮，在下拉列表中选择"白色, 背景 1, 深色 25%"选项，再次单击"形状轮廓"按钮，在下拉列表中选择"虚线"级联菜单中的"圆点"选项。单击右侧"大小"功能组右

下角的对话框启动器按钮，弹出"布局"对话框，在"大小"选项卡下将"宽度"绝对值设置为"18厘米"，如图4-12所示。切换到"位置"选项卡，将水平和竖直对齐方式均设置为"居中"，将"相对于"设置为"页面"，如图4-13所示。单击"确定"按钮，关闭对话框。

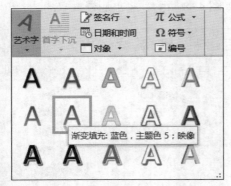

图4-9 "艺术字"按钮

图4-10 "水平居中"命令

图4-11 艺术字旋转后效果

图4-12 设置"大小"

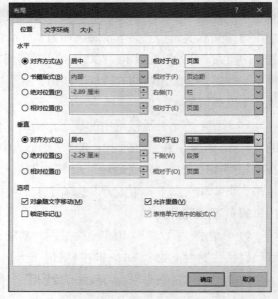

图4-13 设置"位置"

（10）将光标定位到文档中，切换到"开始"选项卡，在"字体"功能组中设置字体为"微软雅黑"，字号为"16"，输入图 4-14 所示的文字，并调整文本的对齐方式。

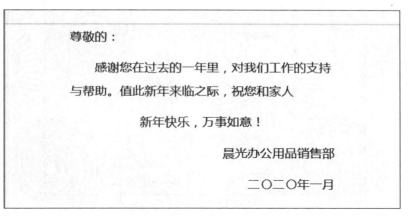

尊敬的：

感谢您在过去的一年里，对我们工作的支持
与帮助。值此新年来临之际，祝您和家人

新年快乐，万事如意！

晨光办公用品销售部

二〇二〇年一月

图 4-14 主文档内容

（11）单击"保存"按钮，将文档以"贺卡主文档"命名并保存。

4.2.2 邮件合并

微课视频

邮件合并

由于素材文件夹中已有工作簿文件"客户通讯录.xlsx"，此文件可作为邮件合并的数据源，因此在创建好主文档后，就可以进行邮件合并了，操作步骤如下。

（1）将光标置于文档中"尊敬的："之后，切换到"邮件"选项卡，单击"开始邮件合并"功能组中的"选择收件人"按钮，在下拉列表中选择"使用现有列表"命令，如图 4-15 所示。弹出"选取数据源"对话框，选择素材文件夹中的"客户通讯录.xlsx"文件，如图 4-16 所示。单击"打开"按钮，弹出"选择表格"对话框，选中"通讯录 $"，如图 4-17 所示。单击"确定"按钮，返回主文档，完成数据源的选择。

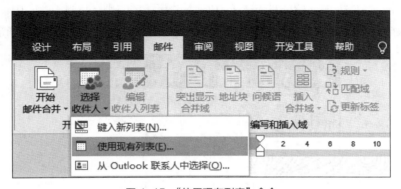

图 4-15 "使用现在列表"命令

图 4-16 "选取数据源"对话框

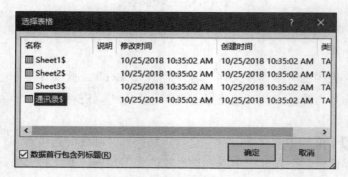

图 4-17 "选择表格"对话框

（2）单击"编写和插入域"功能组中的"插入合并域"按钮，在下拉列表中选择"姓名"，如图 4-18 所示。然后单击"规则"按钮，在下拉列表中选择"如果…那么…否则"，弹出"插入 Word 域：如果"对话框，在"域名"下拉列表中选择"性别"，在"比较条件"下拉列表中选择"等于"，在"比较对象"的文本框中输入"男"，在"则插入此文字"中输入"先生"，在"否则插入此文字"中输入"女士"，如图 4-19 所示。设置完成后单击"确定"按钮。

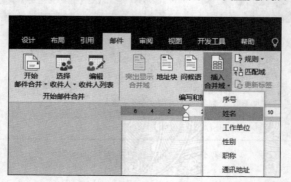

图 4-18 选择"姓名"合并域

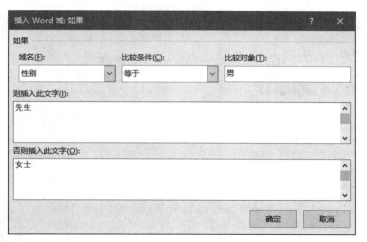

图 4-19 "插入 Word 域：如果"对话框

（3）单击"邮件"选项卡下"开始邮件合并"功能组中的"编辑收件人列表"按钮，弹出"邮件合并收件人"对话框，如图 4-20 所示。保持所有收件人被选中的状态，单击"确定"按钮关闭"邮件合并收件人"对话框。

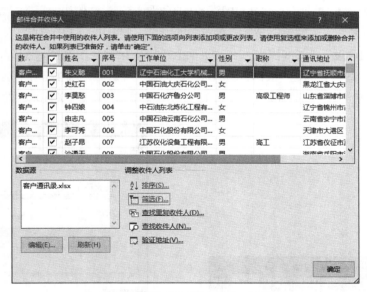

图 4-20 "邮件合并收件人"对话框

（4）单击"邮件"选项卡下"完成"功能组中的"完成并合并"按钮，在下拉列表中选择"编辑单个文档"命令，如图 4-21 所示。弹出"合并到新文档"对话框，如图 4-22 所示。保持"合并记录"中的"全部"单选按钮的被选中状态，单击"确定"按钮，返回主文档，此时生成合并后的新文档"信函 1"。

（5）切换到"信函 1"文档中，单击"保存"按钮，弹出"另存为"对话框，设置文件的保存路径，以"贺卡"命名文件并保存。之后关闭"贺卡"和"贺卡主文档"，完成贺卡的制作。

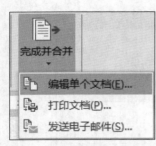

图 4-21 "编辑单个文档"命令

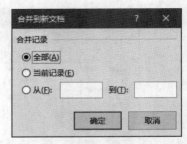

图 4-22 "合并到新文档"对话框

4.2.3 制作标签

贺卡制作完成后，为了方便邮寄，可以利用 Word 2016 中的邮件合并制作标签，粘贴到邮寄信封上。操作步骤如下。

（1）新建一个空白的 Word 文档，切换到"邮件"选项卡，单击"开始邮件合并"功能组中的"开始邮件合并"按钮，在下拉列表中选择"标签"命令，如图 4-23 所示。弹出"标签选项"对话框，在对话框中单击"新建标签"按钮，弹出"标签详情"对话框，在对话框中设置"标签名称"为"地址"，"上边距"为"0.7 厘米"，"侧边距"为"2 厘米"，"标签高度"为"4.6 厘米"，"标签宽度"为"13 厘米"，"横标签数"为"1"，"竖标签数"为"5"，"纵向跨度"为 5.8 厘米，在"页面大小"下拉列表中选择"A4"，如图 4-24 所示。设置完成后，单击"确定"按钮，返回"标签选项"对话框，此时在对话框的"产品编号"栏中显示出了刚创建的标签"地址"，如图 4-25 所示。单击"确定"关闭对话框，返回文档中。

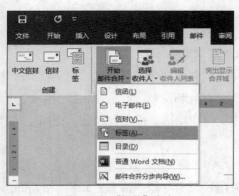

图 4-23 "标签"命令

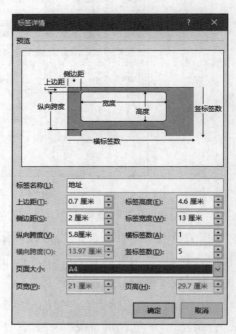

图 4-24 "标签详情"对话框

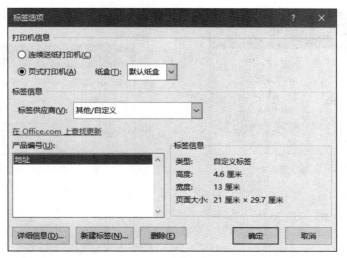

图 4-25 "标签选项"对话框

（2）单击"表格工具 | 布局"选项卡下"表"功能组中的"查看网格线"按钮，如图 4-26 所示。页面中将出现标签的网格虚线。

（3）将光标置于文档的第一个标签中，输入"邮政编码："，然后单击"邮件"选项卡下"开始邮件合并"功能组中的"选择收件人"按钮，在下拉列表中选择"使用现有列表"，弹出"选取数据源"对话框，浏览并选取素材文件夹下的"客户通讯录 .xlsx"文件，单击"打开"按钮，弹出"选择表格"对话框，选中"通讯录 $"工作表，单击"确定"按钮，关闭对话框，返回文档中。

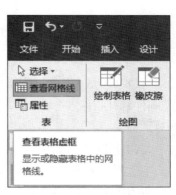

图 4-26 "查看网格线"按钮

（4）单击"编写和插入域"功能组中的"插入合并域"按钮，在下拉列表中选择"邮编"。在下一段落中输入文本"收件人地址："，选中文字"收件人地址"，单击"开始"选项卡下"段落"功能组中的"中文版式"按钮，在下拉列表中选择"调整宽度"命令，如图 4-27 所示。弹出"调整宽度"对话框，将"新文字宽度"调整为"7 字符"，如图 4-28 所示。之后，将光标定位在文字右侧，单击"编写和插入域"功能组中的"插入合并域"按钮，在下拉列表中选择"通讯地址"。按照相同的方法，在下一段落中输入"收件人："，并调整文本"收件人"宽度为"7 字符"；插入"姓名"域，单击"邮件"选项卡下"编写和插入域"功能组中的"规则"按钮，在下拉列表中选择"如果……那么……否则"，弹出"插入 Word 域：如果"对话框，在"域名"下拉列表中选择"性别"，在"比较条件"下拉列表中选择"等于"，在"比较对象"的文本框中输入"男"，在"则插入此文字"中输入"先生"，在"否则插入此文字"中输入"女士"，设置完成后单击"确定"按钮返回文档。

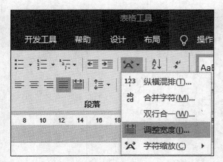

图 4-27 "调整宽度"命令

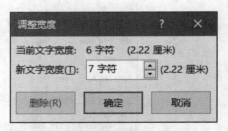

图 4-28 "调整宽度"对话框

（5）单击"邮件"选项卡下"编写和插入域"功能组中的"更新标签"按钮，如图 4-29 所示。文档中 5 个标签均生成统一内容。

图 4-29 "更新标签"按钮

（6）单击"邮件"选项卡下"开始邮件合并"功能组中的"编辑收件人列表"按钮，弹出"邮件合并收件人"对话框，保持默认选定项不变，单击"确定"按钮，关闭"邮件合并收件人"对话框。

（7）单击"邮件"选项卡下"完成"功能组中的"完成并合并"按钮，在弹出的下拉列表中选择"编辑单个文档"命令，弹出"合并到新文档"对话框，直接单击"确定"按钮。即可生成新文件"标签 2"。

（8）在"标签 2"文档中单击"保存"按钮，弹出"另存为"对话框，设置保存路径，以"贺卡标签"命名，对文件进行保存，效果如图 4-2 所示。至此任务 4 完成。

4.3　任务小结

通过新年贺卡的制作，我们学习了 Word 2016 中页面设置、页面背景设置、页眉设置、绘制分隔线、邮件合并、创建标签等操作。

通过 Word 2016 的邮件合并功能，我们可以轻松地批量制作邀请函、贺年卡、荣誉证书、录取通知书、工资单、信封、准考证等。

邮件合并的操作共分以下 4 步。

第 1 步：创建主文档。

第 2 步：创建数据源。

第 3 步：在主文档中插入合并域。

第 4 步：执行合并操作。

4.4   经验技巧

4.4.1   巧设 Word 启动后的默认文件夹

Word 启动后，默认打开的文件夹总是"我的文档"。通过设置，可以自定义 Word 启动后的默认文件夹。

操作步骤如下。

（1）执行"文件"→"选项"命令，打开"Word 选项"对话框。

（2）在该对话框中选择列表中的"保存"选项后，找到"保存文档"组中的"默认文件位置"。

（3）单击"浏览"按钮，打开"修改位置"对话框，在"查找范围"下拉列表中选择希望设置为默认文件夹的文件夹，并单击"确定"按钮。

（4）单击"确定"按钮，此后 Word 的默认文件夹就是用户自己设定的文件夹。

4.4.2   取消"自作聪明"的超链接

当在 Word 文件中键入网址或信箱的时候，Word 会自动将其转换为超链接。如果不小心在网址上单击一下，就会启动 IE 浏览器，进入超链接。但如果不需要这样的功能，就会觉得它有些碍手碍脚了。如何取消这种功能呢？

具体操作方法如下。

（1）单击"文件"→"选项"命令，打开"Word 选项"对话框。

（2）从列表中选择"校对"后，在"自动更正选项"组中单击"自动更正选项"按钮，打开"自动更正"对话框。

（3）选择"键入时自动套用格式"选项卡，取消勾选"Internet 及网络路径替换为超链接"复选框；再单击"自动套用格式"选项卡，取消勾选"Internet 及网络路径替换为超链接"复选框；然后单击"确定"按钮。这样，以后再输入网址后，就不会转变为超链接了。

4.4.3   清除 Word 文档中多余的空行

如果 Word 文档中有很多空行，手动逐个删除太累，直接打印又浪费墨水和打印纸。有没有较便捷的方式呢？可以用 Word 自带的替换功能来进行处理。

在 Word 中，单击"开始"→"编辑"→"替换"按钮，在弹出的"查找和替换"窗口中单击"高级"按钮，将光标移动到"查找内容"文本框中，然后单击"特殊字符"按钮，选择"段落标记"，这时会看到"^p"出现在文本框内，然后同样输入一个"^p"，在"替换为"文本框中输入"^p"，即用"^p"替换"^p^p"，然后单击"全部替换"按钮，若还有空行则反复执行"全部替换"，多余的空行就不见了。

4.4.4   <Shift> 键在文档编辑中的妙用

1．<Shift+Delete> 组合键 = 剪切

当选中一段文字后，按住 <Shift> 键并按 <Delete> 键就相当于执行剪切命令，所选的文字会被直接剪切到剪贴板中，非常方便。

2．<Shift+Insert> 组合键 = 粘贴

这条命令正好与上一个剪切命令相对应，按住 <Shift> 键并按 <Insert> 键就相当于执行粘贴命令，保存在剪贴板里的最新内容会被直接粘贴到当前光标处，与上面的剪切命令配合，可以大大提高文档的编辑效率。

3．<Shift> 键 + 单击 = 准确选择大块文字

有时可能要选择大段的文字，通常的方法是直接使用鼠标拖动选取，但这种方法一般只对于小段文字方便。如果想选取一些跨页的大段文字的话，经常会出现鼠标拖过头的情况，尤其是新手很难把握鼠标拖动的速度。只要先用鼠标左键在要选择的文字的开头单击一下，然后按住 <Shift> 键，单击要选取的文字的末尾，这时，两次单击位置之间的所有文字就会马上被选中。

4.4.5　巧设初始页码从"1"开始

在用 Word 2016 对文档进行排版时，对于既有封面又有页号的文档，用户一般会在"页面设置"对话框中选择"版式"选项卡下的"首页不同"选项，以保证封面上不会打印上页号。但是有一个问题：在默认情况下，页号是从"2"开始显示的。怎样才能让页号从"1"开始呢？

方法很简单，在"页眉和页脚"功能组中单击"页码"按钮，选择"设置页码格式"命令，在"页码格式"对话框中将"起始页码"设为"0"即可。

4.4.6　去除页眉横线

在页眉中插入信息的时候经常会在下面出现一条横线，如果这条横线影响视觉效果，这时可以采用下述两种方法去掉。

方法一：选中页眉的内容后，单击"开始"→"段落"→"边框"→"边框和底纹"选项，打开"边框和底纹"对话框，将边框选项设为"无"，在"应用于"下拉列表中选择"段落"，单击"确定"按钮。

方法二：当设定好页眉的文字后，将光标移向"样式"功能组中，在"样式"下拉列表中把样式改为"页脚""正文样式"或"清除格式"，便可轻松搞定。

4.5　拓展训练

王丽是广东猎头信息文化服务公司的一名客户经理，在 2020 年中秋节即将来临之际，她要设计一个中秋贺卡，发给有业务来往的客户，祝他们中秋节快乐。

请根据上述活动的描述，利用 Word 2016 制作一张中秋贺卡（效果见图 4-30），要求如下。

（1）调整文档版面，设置纸张大小为 A4，纸张方向为横向。

（2）根据效果图，在文档中插入习题文件夹中的"底图 .jpg"图片。

（3）调整文档中"中秋快乐"图片的大小及位置。

（4）根据效果图，将文档中的文字通过两个文本框来显示，分别设置两个文本框的边框样式及底纹颜色等属性，使其显示效果与效果图一致。

（5）根据效果图，分别设置两个文本框中的文字字体、字号及颜色，并设置第 2 个文本框中各段落的间距、对齐方式、段落缩进等属性。

（6）在"客户经理："后面输入姓名（"王丽"）。

（7）在"尊贵的_____先生 / 女士："的横线处插入客户的姓名，客户姓名在习题文件夹下的"客户资料 .docx"文件中。每张贺卡中只能包含 1 位客户姓名，所有的贺卡页面请另外保存在一个名为"Word- 贺卡 .docx"的文件中。

图 4-30　贺卡效果图

CHAPTER 5

任务 5
科普文章的编辑与排版

5.1 任务简介

5.1.1 任务要求与效果展示

小李是某高职院校一名大三的学生，在某学术期刊杂志社实习。根据工作安排，他要对一篇 Word 格式的科普文章进行编辑。具体要求如下。

（1）设置文档的纸张大小为"B5"，纸张方向为"横向"，上、下页边距为 2.5 厘米，左、右页边距为 2.3 厘米，页眉和页脚距离边界皆为 1.6 厘米。

（2）为文档插入"边线型"封面，将文档开头的标题文本"西方绘画对运动的描述和它的科学基础"移动到封面标题占位符中，将下方的作者姓名"林凤生"移动到作者占位符中，适当调整它们的字体和字号，并删除其他占位符。

（3）删除文档中的所有全角空格。

（4）将文档中 8 个文字颜色为蓝色的段落设置为"标题 1"样式，3 个文字颜色为绿色的段落设置为"标题 2"样式，并按照以下要求修改"标题 1"和"标题 2"样式的格式。

标题 1 样式要求如下。

字体格式：方式姚体、小三号，加粗，字体颜色为"白色，背景 1"。段落格式：段前段后间距为 0.5 行，左对齐，并与下段同页。底纹：应用于标题所在段落，颜色为"紫色，个性色 4，深色 25%"。

标题 2 样式要求如下。

字体格式：方正姚体、四号，字体颜色为"紫色，个性色 4，深色 25%"。段落格式：段前段后间距为 0.5 行，左对齐，并与下段同页。边框：对标题所在段落应用下框线，宽度为 0.5 磅，颜色为"紫色，个性色 4，深色 25%"，且与正文的间距为 3 磅。

（5）新建"图片"样式，应用于文档正文中的 10 张图片，并设置样式为居中对齐和与下段同页，修改图片的注释文字，将手动添加的标签和编号"图 1"到"图 10"替换为可以自动编号和更新的题注，并设置所有题注内容为居中对齐，小四号字，中文字体为黑体，西文字体为 Arial，段前、段后间距为 0.5 行；修改标题和题注以外的所有正文文字的段前和段后间距为 0.5 行。

（6）将正文中使用黄色突出显示的文本"图1"到"图10"替换为可自动更新的交叉引用，引用类型为图片下方的题注，只引用标签和编号。

（7）在标题"参考文献"下方为文档插入书目，样式为"APA 第五版"，书目中文献的来源为文档"参考文献.xml"。

（8）在标题"人名索引"下方插入格式为"流行"的索引，栏数为2，排序依据为拼音，索引项来自于文档"人名.docx"，在标题"参考文献"和"人名索引"前分别插入分页符，使它们位于独立的页面中（文档最后如存在空白页，将其删除）。

（9）除了首页外，在页脚正中央添加页码，正文页码自1开始，格式为"Ⅰ，Ⅱ，Ⅲ，…"。

（10）为文档添加自定义属性，名称为"类别"，类型为文本，取值为"科普"。

最终效果如图 5-1 所示。

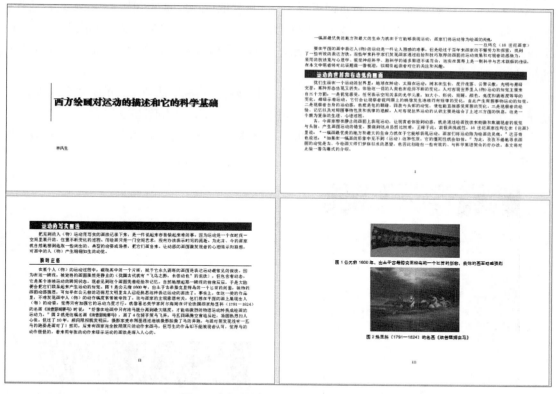

图 5-1　文章编辑完成后的效果（部分）

5.1.2　知识技能目标

涉及的知识点主要有：页面设置、封面的插入、样式的修改和应用、图表样式的创建、题注的添加、交叉引用、分页符的使用、插入参考文献、设置索引、插入页码等基本操作。

知识技能目标如下。

● 掌握封面的插入。

- 掌握样式的修改。
- 掌握样式的应用。
- 掌握图片样式的创建与应用。
- 掌握题注的添加与交叉引用。
- 掌握页脚的设置。
- 掌握索引的添加。

5.2 任务实施

对于科普文章这类的长文档，编辑、排版是比较复杂的。要完成任务，需要对文档进行一系列设置，下面逐一进行介绍。

5.2.1 页面设置

对文章进行排版之前，先进行页面设置，可以直观地看到页面中的内容和排版是否适宜，避免之后的修改。本任务要求设置文档的纸张大小为"B5"，纸张方向为"横向"，上、下页边距为 2.5 厘米，左、右页边距为 2.3 厘米，页眉和页脚距离边界皆为 1.6 厘米。页面设置的具体操作如下。

（1）打开素材中的"科普文章原稿 .docx"，切换到"布局"选项卡，单击"页面设置"功能组中的"纸张大小"按钮，在下拉列表中选择"B5"选项，如图 5-2 所示。

（2）在"布局"选项卡下单击"页面设置"功能组中的"纸张方向"按钮，在下拉列表中选择"横向"选项，如图 5-3 所示。

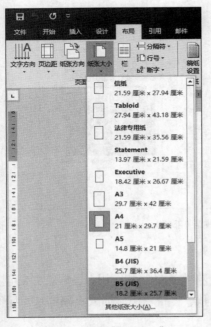

图 5-2 设置"纸张大小"

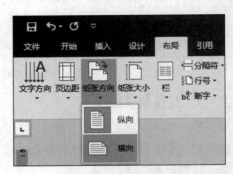

图 5-3 设置"纸张方向"

（3）在"布局"选项卡下单击"页面设置"功能组右下角的对话框启动器按钮，弹出"页面设置"对话框，在"页边距"选项卡下将上、下页边距的值设置为 2.5 厘米，左、右页边距的值设置为 2.3 厘米，如图 5-4 所示。切换到"布局"选项卡，在"页眉和页脚"栏中设置页眉、页脚距边界皆为 1.6 厘米，如图 5-5 所示。设置完成后，单击"确定"按钮，关闭"页面设置"对话框，完成文档的页面设置。

图 5-4　页边距设置

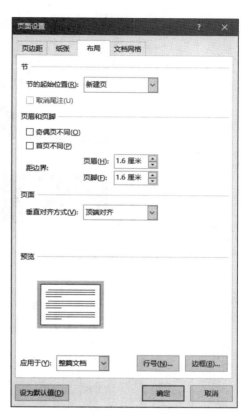

图 5-5　页眉、页脚设置

5.2.2　插入封面

一个完整的文档是需要封面的，如果我们自己来设计封面的话，又有点难度，此时可以借助 Word 软件中自带的封面来设计。根据本任务的要求，具体操作如下。

（1）将光标定位到文档的开头，切换到"插入"选项卡，单击"页面"功能组中的"封面"按钮，在下拉列表中选择"边线型"选项，如图 5-6 所示。

（2）将文档开头的标题文本"西方绘画对运动的描述和它的科学基础"移动到封面页标题占位符中，并将标题文本的字体设置为"华文中宋"，字号设置为"一号"，字形设置为"加粗"。

（3）单击"文件"按钮，在列表中选择"选项"命令，弹出"Word 选项"对话框，选择"自

定义功能区"选项，在右侧"自定义功能区"下方的列表框中勾选"开发工具"选项，如图 5-7
所示。单击"确定"按钮，返回文档，即在选项卡栏中添加了"开发工具"选项。

图 5-6　选择封面类型

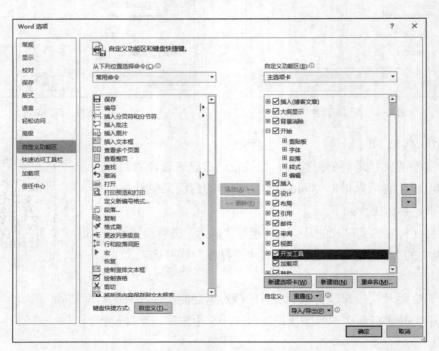

图 5-7　"Word 选项"对话框

（4）选择"作者"控件，切换到"开发工具"选项卡，在"控件"功能组中单击"设计模式"按钮，如图5-8所示，使控件开启设计模式。

（5）将下方的作者姓名"林凤生"移动到作者占位符中。

（6）选中"公司""副标题"和"日期"占位符，按 <Delete> 键删除。

图 5-8　"设计模式"按钮

5.2.3　应用与修改样式

样式就是已经命名的字符和段落格式，它规定了文档中标题、正文等各个文本元素的格式。为了使整个文档具有相对统一的风格，相同的标题应该具有相同的样式设置。

Word 2016 提供了"标题 1"等多种内置样式，但不完全符合本任务的要求，需要修改内置样式以满足格式要求。应用与修改样式的操作步骤如下。

微课视频

应用与修改样式

（1）将光标定位于文档中第一处蓝色文本段落之中，切换到"开始"选项卡，单击"编辑"组中的"选择"按钮，在下拉列表中选择"选定所有格式类似的文本（无数据）"选项，如图5-9所示，可将文档中的蓝色文本段落全部选中。

（2）单击"开始"选项卡下"样式"功能组中的"标题 1"样式，此时所有选定的文本段落均应用了"标题 1"样式。

（3）右键单击"标题 1"样式，在弹出的快捷菜单中选择"修改"命令，弹出"修改样式"对话框，设置字体为"方正姚体"，字号为"小三"，字形为"加粗"，字体颜色为"白色，背景 1"，如图5-10所示。

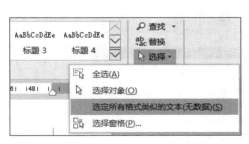

图 5-9　"选定所有格式类似的文本（无数据）"选项

图 5-10　"修改样式"对话框

（4）单击对话框下方的"格式"按钮，在下拉列表中选择"段落"命令，弹出"段落"对话框，在"缩进和间距"选项卡下设置"对齐方式"为"左对齐"，设置段前、段后间距为"0.5 行"，如图 5-11 所示。切换到"换行和分页"选项卡，勾选"与下段同页"复选框，设置完成后，单击"确定"按钮，关闭"段落"对话框，返回到"修改样式"对话框。

（5）单击"格式"按钮，在下拉列表中选择"边框"命令，弹出"边框和底纹"对话框，切换到"底纹"选项卡，在填充颜色选择面板中选择"紫色，个性色 4，深色 25%"选项，如图 5-12 所示。单击"确定"按钮，关闭"边框和底纹"对话框。然后单击"确定"按钮，关闭"修改样式"对话框，返回文档中，完成"标题 1"样式的修改，效果如图 5-13 所示。

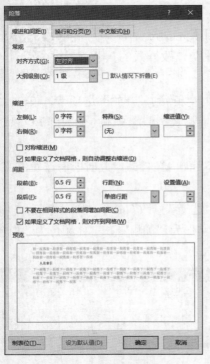

图 5-11 "段落"对话框

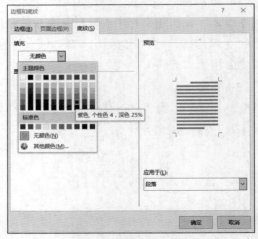

图 5-12 "边框和底纹"对话框

一幅画最优美的地方和最大的生命力就在于它能够表现运动，画家们将运动称为绘画的灵魂。
——拉玛左（16 世纪画家）
要在平面的画中表达人（物）的运动是一件让人困惑的难事，但是经过千百年来画家的不懈努力和探索，找到了一些有效的表达方法。近些年来科学家们发现画家通过经验和技巧取得的画面的运动效果和对观者的感染力，采用的技法竟与心理学、视觉神经科学、脑科学的诸多原理不谋而合，这实在算得上是一则科学与艺术联姻的佳话。在本文中笔者将对此话题做一番梳理，以期引起读者对它的关注和兴趣。

运动的世界和有动觉的画面

我们生活在一个运动的世界里：地球在转动、太阳在运动，树木在生长、花开花落、云聚云散；光明与黑暗交替，某种形态出现又消失；体验这一切的人类也在经历不断的变化。人对客观世界里人（物）运动的知觉主要来自三个方面。一是视觉感受，任何表示空间关系的光学元素，如大小、形状、间隔、颜色、亮度和清晰度等等的变化，都暗示着运动，它们会让观察者在视网膜上的映像连续而有规律的变化，由此产生周围事物运动的知觉。二是观察者自身的运动感，也就是他的眼睛、四肢与头部的动觉，使他能直接感受周围的变化。三是观察者的经验、记忆以及对周围事物性质和规律的理解。人对客观世界运动的认识主要是综合了上述三方面的信息，这是一个颇为复杂的生理、心理过程。

图 5-13 "标题 1"样式修改完成后的效果（部分）

（6）将光标定位于文档中第一处绿色文本段落之中，切换到"开始"选项卡，单击"编辑"功能组中的"选择"按钮，在下拉列表中选择"选定所有格式类似的文本（无数据）"选项，将文档中的绿色文本段落全部选中。

（7）单击"开始"选项卡下"样式"功能组中的"标题 2"样式，此时所有选定的文本段落均应用了"标题 2"样式。

（8）右键单击"标题 2"样式，在下拉列表中选择"修改"命令，弹出"修改样式"对话框，设置文本字体为"方正姚体"，字号为"四号"，字体颜色为"紫色，个性色 4，深色 25%"。

（9）单击对话框下方的"格式"按钮，在下拉列表中选择"段落"命令，弹出"段落"对话框，在"缩进和间距"选项卡下设置"对齐方式"为"左对齐"，设置段前、段后间距为"0.5 行"，切换到"换行和分页"选项卡，勾选"与下段同页"复选框，设置完成后，单击"确定"按钮，关闭"段落"对话框。

（10）单击下方的"格式"按钮，在下拉列表中选择"边框"命令，弹出"边框和底纹"对话框，切换到"边框"选项卡，将颜色设置为"紫色，个性色 4，深色 25%"，宽度设置为"0.5 磅"，单击"预览"中的"下边框"，单击下方的"选项"按钮，弹出"边框和底纹选项"对话框，将"下"设置为"3 磅"，如图 5-14 所示。单击"确定"按钮，返回"边框和底纹"对话框，然后单击"确定"按钮，返回"修改样式"对话框，再单击"确定"按钮，返回文档中，完成"标题 2"样式的修改，效果如图 5-15 所示。

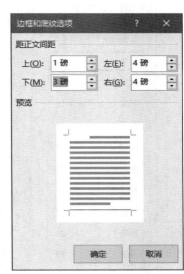

图 5-14 "边框和底纹选项"对话框

65

图 5-15 "标题 2"样式修改完成后的效果（部分）

5.2.4 新建图片样式

当文档中有多张图片时，为了使图片具有统一的格式，可以使用样式功能进行设置。操作步骤如下。

微课视频

新建图片样式

（1）选中文档中的第 1 张图片，切换到"开始"选项卡，单击"样式"功能组右下角的对话框启动器按钮，弹出"样式"窗格，单击下方的"新建样式"按钮，如图 5-16 所示。弹出"根据格式化创建新样式"对话框，将"名称"中的"样式 1"修改为"图片"，如图 5-17 所示。

图 5-16　"新建样式"按钮

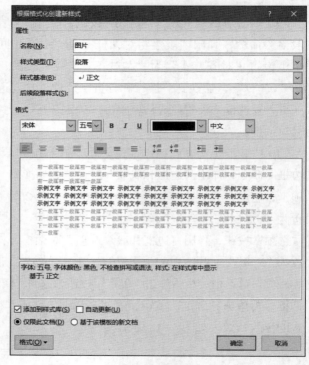

图 5-17　"根据格式化创建新样式"对话框

（2）单击下方的"格式"按钮，在下拉列表中选择"段落"命令，弹出"段落"对话框，在"缩进和间距"选项卡中设置对齐方式为"居中"，切换到"换行和分页"选项卡，勾选"与下段同页"复选框，单击"确定"按钮，返回文档中，完成"图片"样式的创建。

（3）依次为文档中的图片 2 至图片 10 应用新建的"图片"样式。

（4）删除图片 1 下方的"图 1"文本，切换到"引用"选项卡，单击"题注"功能组中的"插入题注"按钮，如图 5-18 所示。弹出"题注"对话框，单击"新建标签"按钮，弹出"新建标签"对话框，在"标签"下方的文本框中输入"图"，如图 5-19 所示。设置完成后单击"确定"按钮，返回"题注"对话框。然后单击"编号"按钮，弹出"题注编号"对话框，取消勾选"包含章节号"复选框，设置编号格式，如图 5-20 所示。单击"确定"按钮，返回"题注"对话框，完成图片题注的设置，如图 5-21 所示。单击"确定"按钮，返回文档中。

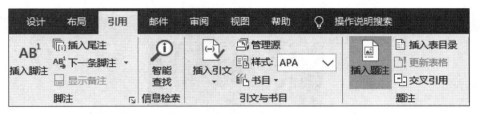

图 5-18 "插入题注"按钮

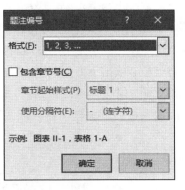

图 5-19 "新建标签"对话框　　　图 5-20 "题注编号"对话框　　　图 5-21 "题注"对话框

（5）删除图片2下方的"图2"文本，打开"题注"对话框，此时对话框中自动显示"图2"的题注，单击"确定"按钮，即可快速添加题注。使用同样的方法，设置第3张至第10张图片的题注。

（6）选中第1张图下方的题注文本段落，切换到"开始"选项卡，单击"字体"功能组右下角的对话框启动器按钮，弹出"字体"对话框，将中文字体设置为"黑体"，将西文字体设置为"Arial"，字号设置为"小四号"，如图5-22所示。单击"确定"按钮，返回文档中。单击"段落"功能组右下角的对话框启动器按钮，弹出"段落"对话框，设置对齐方式为"居中"，段前、段后间距为0.5行，单击"确定"按钮，完成段落的格式设置。效果如图5-23所示。

（7）选中第1张图下方的题注文本段落，双击"开始"选项卡下"剪贴板"功能组中的"格式刷"按钮，然后依次单击第2张图至第10张图下方的题注文本段落，完成题注格式的复制。

图 5-22 "字体"对话框

图 1 公元前 1600 年，出土于古希腊克里特岛的一个匕首的剑套，装饰的画面动感强烈

图 5-23　题注格式设置完成后的效果

（8）将光标置于任一正文段落中，单击"开始"选项卡下"样式"功能组中的对话框启动器按钮，弹出"样式"窗格，选中"正文"样式，单击右侧的倒三角形按钮，在下拉列表中选择"修改"，弹出"修改样式"对话框，单击下方的"格式"按钮，在下拉列表中选择"段落"命令，弹出"段落"对话框，将段前、段后间距设置为"0.5 行"，单击"确定"按钮，关闭"段落"对话框。然后单击"确定"按钮，关闭"修改样式"对话框，完成正文样式的修改。

5.2.5　交叉引用

交叉引用就是在文档的一个位置引用文档另一个位置的内容，类似于超级链接，交叉引用一般是在同一文档中互相引用。操作步骤如下。

（1）找到正文中使用黄色突出显示的文本"图 1"，将该文本删除，切换到"引用"选项卡，单击"题注"功能组中的"交叉引用"按钮，弹出"交叉引用"对话框，在"引用类型"下拉列表中选择"图"选项，在"引用内容"下拉列表中选择"仅标签和编号"选项，在"引用哪一个题注"列表框中选择"图 1"选项，如图 5-24 所示。单击"插入"按钮，即可在光标处显示交叉引用的"图 1"字样。再单击"关闭"按钮，关闭对话框，返回文档中。

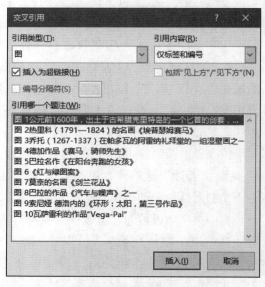

图 5-24　"交叉引用"对话框

（2）按照同样的方法找到正文中其他使用黄色突出显示的文本，依次插入相对应的题注。

5.2.6　插入参考文献

本任务中的参考文献在"参考文献.xml"文件中，需要进行文档间的引用，操作步骤如下。

（1）将光标定位于"参考文献"下方，切换到"引用"选项卡，单击"引文与书目"功能组中的"管理源"按钮，如图 5-25 所示，弹出"源管理器"对话框，单击"浏览"按钮，

图 5-25　"管理源"按钮

弹出"打开源列表"对话框，找到素材中的"参考文献.xml"文件，单击"确定"按钮，返回"源管理器"对话框。将左侧列表框中的所有对象选中，单击中间位置的"复制"按钮，将左侧的参考文献全部复制到右侧的"当前列表"列表框中，如图5-26所示，单击"关闭"按钮，返回文档中。

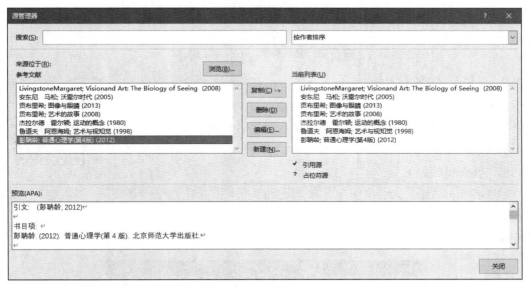

图5-26 "源管理器"对话框

（2）在"引文与书目"功能组中单击"样式"右侧的下拉按钮，从下拉列表中选择"APA第六版"选项，单击下方的"书目"按钮，在下拉列表中选择"插入书目"命令，如图5-27所示，即可插入参考文献，效果如图5-28所示。

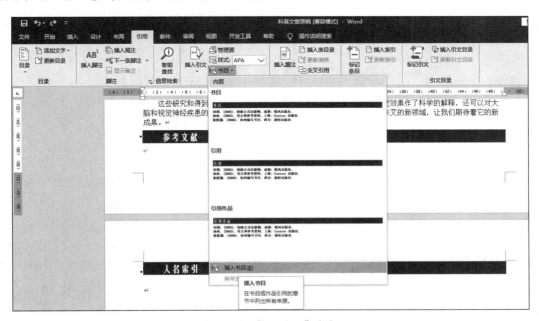

图5-27 "插入书目"命令

参考文献

LivingstoneMargaret. (2008). Visionand Art: The Biology of Seeing . Harry N. Abrams, Inc.
安东尼 马松. (2005). 沃霍尔时代. 北京出版社.
贡布里希. (2008). 艺术的故事. 广西美术出版社.
贡布里希. (2013). 图像与眼睛. 广西美术出版社.
杰拉尔德 霍尔顿. (1980). 运动的概念. 文化教育出版社.
鲁道夫 阿恩海姆. (1998). 艺术与视知觉. 四川人民出版社.
彭聃龄. (2012). 普通心理学(第 4 版). 北京师范大学出版社.

图 5-28　插入参考文献书目后的效果

5.2.7　插入人名索引

微课视频

插入参考文献与
人名索引

人名索引是指将档案馆（室）藏档案中涉及的人名及其简要情况著录下来，向利用者提供以人名为线索的一种查找性检索工具。本任务中的人名在素材文件夹的"人名 .docx"文件中，要将其中的人名插入文档，操作步骤如下。

（1）将光标置于"人名索引"下方，切换到"引用"选项卡，单击"索引"功能组中的"插入索引"按钮，弹出"索引"对话框，将"格式"设置为"流行"，"栏数"设置为"2"，"排序依据"设置为"拼音"，如图 5-29 所示。

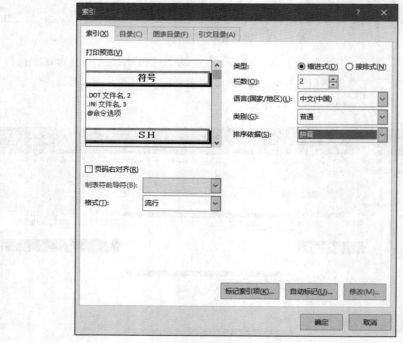

图 5-29　"索引"对话框

（2）单击下方的"自动标记"按钮，弹出"打开索引自动标记文件"对话框，选择素材中的"人名 .docx"文件，如图 5-30 所示。单击"打开"按钮，返回"索引"对话框，单击"确定"按钮，返回文档中。

图 5-30 "打开索引自动标记文件"对话框

（3）再次单击"引用"选项卡下"索引"组中的"插入索引"按钮，弹出"索引"对话框，单击"确定"按钮，索引内容将显示出来，如图 5-31 所示。

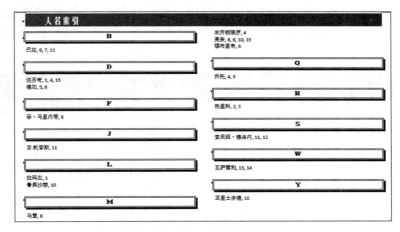

图 5-31 插入人名索引后的效果

（4）将光标置于"参考文献"之前，单击"布局"选项卡下"页面设置"组中的"分隔符"按钮，在下拉列表中选择"分页符"命令，并按照同样的方法，在"人名索引"之前插入"分页符"，对这两部分内容进行分页操作。

5.2.8 设置页脚

页脚是文档中每个页面的底部的区域，常用于显示文档的附加信息，可以在页脚中插入文本或图形，如页码、日期、公司徽标、文档标题、文件名或作者名等。本任务中添加页脚的操作步骤如下。

（1）双击第 2 页的页脚位置，进入页眉页脚编辑状态。切换到"页眉和页脚工具 | 设计"选项卡，勾选"选项"功能组中的"首页不同"复选框，如图 5-32 所示。

Office 2016 办公软件高级应用任务式教程（微课版）

72

图 5-32　设置为"首页不同"

（2）单击"页眉和页脚"功能组中的"页码"按钮，在下拉列表中选择"设置页码格式"命令，弹出"页码格式"对话框，将"编号格式"设置为"Ⅰ，Ⅱ，Ⅲ，..."类型，将"起始页码"设置为"Ⅰ"，如图 5-33 所示。单击"确定"按钮，返回文档中。

（3）继续将光标置于第 2 页的页脚位置，单击"页眉和页脚"功能组中的"页码"按钮，在下拉列表中选择"页面底端"级联菜单中的"普通数字 2"选项，如图 5-34 所示。

（4）单击"页眉和页脚工具 | 设计"选项卡下"关闭"功能组中的"关闭页眉和页脚"按钮。返回文档的编辑状态。

（5）单击"保存"按钮，保存文档，任务完成。

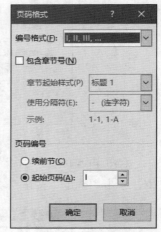

图 5-33　"页码格式"对话框

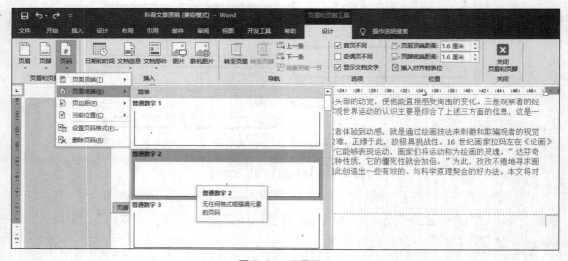

图 5-34　设置页码

5.3　任务小结

通过对科普文章编辑与排版的学习，我们对此类文档的操作、页面设置、样式的修改和应用、图片样式的创建与应用、插入索引、插入题注、交叉引用、插入页脚等 Word 2016 中的操作有了深入的了解和掌握。我们在日常工作中经常会遇到许多长文档，如毕业论文、企业的招标书、员工手册等，有了以上的 Word 操作基础，对于此类长文档的排版和编辑就可以做到游刃有余。

在长文档中，某个多次使用的词语错误时，若逐一改将花费大量时间，而且难免会出现遗漏，此时可以使用"开始"选项卡中的"编辑"功能组中的查找与替换按钮统一进行修改。需要注意的是，在查找时可以使用通配符号"★"和"？"实现模糊查找。

5.4　经验技巧

5.4.1　快速为文档设置主题

主题是一组协调的颜色，通过应用文档主题可以使文档具有专业的外观。为文档快速设置主题的方法如下。

将光标定位到文档中，切换到"设计"选项卡，在"文档格式"功能组中单击"主题"按钮，从下拉列表中选择一种主题应用即可，如图 5-35 所示。

5.4.2　显示分节符

插入分节符之后，很可能看不到它。因为默认情况下，在最常用的"页面"视图模式下是看不到分节符的。这时，可以单击"开始"→"段落"→ 按钮，让分节符显示出来。

5.4.3　在 Word 中同时编辑文档的不同部分

一篇长文档在显示器屏幕上不能同时显示出来，但有时因实际需要又要同时编辑同一文档中的相距较远的几部分。怎样同时编辑文档的不同部分呢？

操作方法如下。

首先打开需要显示和编辑的文档，如果文档窗口处于最大化状态，就要单击文档窗口中的"还原"按钮，然后单击"视图"→"窗口"→"新建窗口"按钮，屏幕上会

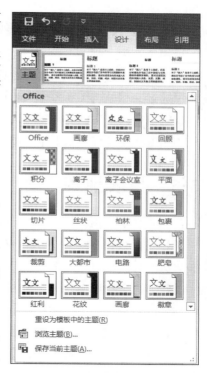

图 5-35　"主题"下拉列表

立即产生一个新窗口，显示的也是这篇文档，这时就可以通过窗口切换和窗口滚动操作，使不同的窗口显示同一文档的不同位置的内容，以便阅读和编辑修改。

5.4.4　文档目录提取技巧

在编辑完有若干章节的一个长 Word 2016 文档后，如果需要在文档的开始处加上章节的目录，该怎么办？如果对文档中的章节标题应用了相同的格式，比如应用的格式是黑体、二号字，那么有一个提取章节标题的简单方法。

操作方法如下。

（1）单击"开始"→"编辑"→"查找"按钮，打开"查找和替换"对话框。

（2）选择"查找内容"框，单击"格式"按钮，从列表中执行"字体"命令，在"中文字体"框中选择"黑体"，在"字号"框中单击"二号"，单击"确定"按钮。

（3）单击"阅读突出显示"按钮。

此时，Word 2016 将查找所有指定格式的内容，对该例而言就是所有具有相同格式的章节标题了。然后选中所有突出显示的内容，这时就可以使用"复制"命令来提取它们，然后使用"粘贴"命令把它们插入文档的开始处了。

5.4.5　快速查找长文档中的页码

在编辑长文档时，若要快速查找到文档的页码，可单击"开始"→"编辑"→"查找"按钮，打开"查找和替换"对话框；再单击"定位"选项卡，在"定位目标"框中单击"页"，在"输入页号"框中键入所需页码，然后单击"定位"按钮即可。

5.4.6　在长文档中快速漫游

单击选中"视图"→"显示／隐藏"→"导航窗格"复选框，然后单击导航窗格中要跳转至的标题即可跳转至文档中相应位置。导航窗格将在一个单独的窗格中显示文档标题，用户可通过文档结构图在整个文档中快速漫游并追踪特定位置。在导航窗格中，可选择显示的内容级别，调整文档结构图的大小。若标题太长，超出文档结构图宽度，不必调整窗口大小，只需将鼠标指针在标题上稍做停留，即可看到整个标题。

5.5　拓展训练

根据要求对提供的"Word.docx"文档进行排版，效果如图 5-36 所示。要求如下。

（1）调整纸张大小为 B5，左页边距为 2 厘米，右页边距为 2 厘米，装订线为 1 厘米，多页页码范围为对称页边距。

（2）将文档中第一行"黑客技术"设置为 1 级标题，文档中黑体字的段落设为 2 级标题，斜体字段落设置为 3 级标题。

（3）将正文部分内容设为四号字，每个段落设为 1.2 倍行距且首行缩进 2 字符。

（4）将正文第一段落的首字"很"下沉 2 行。

（5）在文档的开始位置插入只显示 2 级和 3 级标题的目录，并用分节符的方式令其独占一行。

（6）文档除目录页外均显示页码，正文开始处为第 1 页，奇数页码显示在文档的底部靠右位置，偶数页码显示在文档的底部靠左位置。为文档加入页眉，偶数页页眉中显示文档标题"黑客技术"，奇数页页眉中没有内容。

（7）为文档应用一种合适的主题。

Office 2016 办公软件高级应用任务式教程（微课版）

74

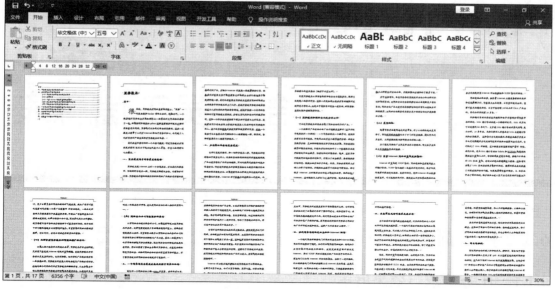

图 5-36　文档排版后的效果

CHAPTER 6

任务 6
制作员工信息表

6.1 任务简介

6.1.1 任务要求与效果展示

　　天空广告公司人事部为了方便员工管理、实现档案电子化，需要将 2020 年入职员工的基本信息录入计算机。要求人事部劳资科的秘书小王利用 Excel 2016 的相关操作完成这项任务。效果如图 6-1 所示。

图 6-1　员工信息表效果图

6.1.2 知识技能目标

　　本任务涉及的知识点主要有：Excel 工作簿文件的新建与保存、自定义单元格格式、单元格数据录入与格式设置、设置数据验证、验证数据有效性、设置自定义序列等。

　　知识技能目标如下。

● 掌握在 Excel 中自定义单元格的格式的方法。

- 掌握单元格的格式设置。
- 掌握数据验证的设置。
- 掌握自定义数据序列的设置。

6.2 任务实施

6.2.1 建立员工信息基本表格

由于员工信息表中包含字段较多，在向表格中录入数据之前，需要创建一个基本表格，包括表格的标题和表头。具体操作步骤如下。

（1）启动 Excel 2016，创建一个空白的工作簿文件，将 Sheet1 工作表重命名为"员工基本信息录入表"，如图 6-2 所示。之后将工作簿保存为"员工信息表 .xlsx"。

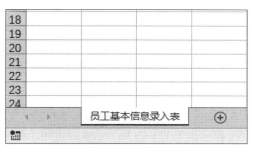

图 6-2　重命名工作表

（2）选择单元格 A1，并在其中输入文字"员工基本信息表"。在单元格区域 A2：I2 中依次输入"工号""姓名""性别""年龄""部门""学历""身份证号码""工资""联系方式"，合并单元格区域 A1：I1，效果如图 6-3 所示。

	A	B	C	D	E	F	G	H	I
1					员工基本信息表				
2	工号	姓名	性别	年龄	部门	学历	身份证号码	工资	联系方式
3									

图 6-3　员工信息表的标题与表头

6.2.2 自定义员工工号格式

员工的工号对员工的管理起着一定的作用，天空广告公司员工的工号格式为"员工进公司年份 +3 位编号"，如"2020001"表示 2020 年入职的编号为 1 的员工。可以利用 Excel 中"设置单元格格式"对话框中的"自定义"实现员工编号的快速输入。操作步骤如下。

微课视频

自定义员工工号格式

（1）选择单元格区域 A3：A12，单击"开始"选项卡"数字"功能组的对话框启动器按钮，打开"设置单元格格式"对话框。

（2）选择"数字"选项卡下"分类"列表框中的"自定义"选项，在右侧"类型"下方的文本框中输入"2020000"，如图 6-4 所示。

图 6-4　设置"自定义"格式

（3）单击"确定"按钮，返回工作表中，在单元格 A3 中输入"1"，按 <Enter> 键，即可在单元格 A3 中看到完整的编号，如图 6-5 所示。再次选中单元格 A3，利用填充句柄，以"填充序列"的方式将编号自动填充到单元格 A12。

（4）在单元格区域 B3：B12 中输入图 6-6 所示的员工姓名。

	A	B	C
1			
2	工号	姓名	性别
3	2020001		
4			
5			

图 6-5　自定义编号完成后的效果

	A	B
1		
2	工号	姓名
3	2020001	王刚
4	2020002	李红梅
5	2020003	吴佳丽
6	2020004	杨万全
7	2020005	宋佳佳
8	2020006	张京玖
9	2020007	吴娜
10	2020008	赵明
11	2020009	钱芳
12	2020010	孙宝朋

图 6-6　员工姓名

6.2.3　制作性别、部门、学历下拉列表

利用 Excel 中的"数据验证"功能可以制作出下拉列表，供用户选择的内容在单元格中显示，方便快速输入信息。操作步骤如下。

（1）选中单元格区域 C3：C12，切换到"数据"选项卡，单击"数据工具"功能组中的"数据验证"下拉按钮，从下拉列表中选择"数据验证"命令，如图 6-7 所示，打开"数据验证"对话框。

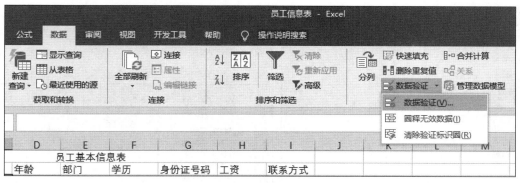

图 6-7 "数据验证"命令

（2）在"设置"选项卡中单击"允许"下方的下拉按钮，从下拉列表中选择"序列"选项，在"来源"下方的文本框中输入文本"男,女"，如图 6-8 所示。注意：文本中的逗号为英文状态下的逗号。单击"确定"按钮，返回工作表。

（3）此时单元格 C3 右侧出现下三角按钮，单击此按钮，即可在下拉列表中选择性别选项，如图 6-9 所示。

图 6-8 "数据验证"对话框

图 6-9 选择性别

（4）使用同样的方法，选择单元格区域 E3：E12，打开"数据验证"对话框，设置序列"来源"为"行政部,宣传部,企划部,财务部,市场部,人事部"，如图 6-10 所示。

（5）单击"确定"按钮，返回工作表，在"部门"列的单元格中选择员工所对应的部门，效果如图 6-11 所示。

（6）使用同样的方法，设置"学历"列"数据验证"序列来源为"大专,本科,硕士"，根据图 6-1，设置"学历"列内容。

图 6-10 设置"部门"列的"数据验证"

图 6-11 选择部门后的效果

6.2.4 设置年龄数据验证

由于公司人员较多，利用"数据验证"功能可以限制用户输入的内容，帮助用户快速输入。如任务中的"年龄"列，对于 2019 年入职的员工来说，年龄要求在 18~35 岁，并且输入的年龄必须为整数，此时就可以使用"数据验证"功能限制年龄的输入，避免出错。操作步骤如下。

（1）选择单元格区域 D3：D12，单击"数据"选项卡下的"数据验证"按钮，打开"数据验证"对话框。

（2）在"设置"选项卡中设置"允许"为"整数"，"数据"为"介于"，"最小值"为"18"，"最大值"为"35"，如图 6-12 所示。

（3）切换到"输入信息"选项卡，在"输入信息"下方的文本框中输入相关信息，如图 6-13 所示。

图 6-12 设置输入值类型与范围

图 6-13 设置"输入信息"

（4）切换到"出错警告"选项卡，从"样式"下拉列表中选择"警告"选项，在"错误信息"下方的文本框中输入信息的内容"输入的年龄有误，年龄必须在18-35之间！"，如图6-14所示。

（5）单击"确定"按钮，返回工作表，可看到图6-15所示的提示信息。

图6-14 设置"出错警告"　　　　　　　图6-15 "年龄"列提示信息

（6）如果在单元格中输入了小于18或大于35的数据，将弹出图6-16所示的提示框，单击"否"按钮，可重新输入数据。"年龄"列数据输入完成后的效果如图6-17所示。

图6-16 警告提示框　　　　　　　图6-17 "年龄"列输入完成后的效果

6.2.5 输入身份证号码与联系方式

身份证号码和联系方式是由数字组成的文本型数据，没有数值的意义，所以在输入数据前，要设置单元格的格式，操作步骤如下。

（1）按住 <Ctrl> 键，选择不连续的单元格区域 G3：G12、I3：I12，切换到"开始"选项卡，单击"数字"功能组右下角的对话框启动器按钮，打开"设置单元格格式"对话框，在"数字"选项卡的"分类"列表框中选择"文本"选项，如图6-18所示。

图 6-18　"设置单元格格式"对话框

（2）单击"确定"按钮，完成所选区域的单元格格式设置。

现在身份证号码统一为 18 位，对于表中的"身份证号码"列，可以使用"数据验证"功能校验已输入的身份证号码位数是否正确。操作步骤如下。

（1）选择单元格区域 G3：G12，打开"数据验证"对话框，设置"允许"为"文本长度"，"数据"为"等于"，"长度"为 18，如图 6-19 所示，单击"确定"按钮，完成设置。

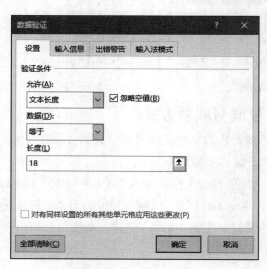

图 6-19　限定文本长度

（2）根据图 6-20 所示的效果，输入员工身份证信息与联系方式。

	A	B	C	D	E	F	G	H	I	J
1	员工基本信息表									
2	工号	姓名	性别	年龄	部门	学历	身份证号码	工资	联系方式	
3	2020001	王刚	男	28	行政部	硕士	10012320021023****		1893651****	
4	2020002	李红梅	女	26	人事部	本科	13022419970312****		1570523****	
5	2020003	吴佳丽	女	35	宣传部	硕士	13000019850203****		1870123****	
6	2020004	杨万全	男	28	市场部	本科	13000019920908****		1518965****	
7	2020005	宋佳佳	男	34	企划部	硕士	13000019860405****		1301516****	
8	2020006	张京玖	男	30	财务部	硕士	13000020000406****		1570101****	
9	2020007	吴娜	女	29	财务部	硕士	13000019980708****		1580439****	
10	2020008	赵明	男	33	市场部	大专	13000019870523****		1321332****	
11	2020009	钱芳	女	24	宣传部	大专	13000019961011****		1518966****	
12	2020010	孙宝朋	女	25	企划部	本科	13000019951210****		1310123****	

图 6-20　身份证号码与联系方式输入完成后的效果

6.2.6　输入员工工资

员工的工资为货币型数据，在输入之前需要先设置单元格格式。操作步骤如下。

（1）选择单元格区域 H3：H12，打开"设置单元格格式"对话框，在"数字"选项卡的"分类"列表框中选择"货币"选项，保持默认设置不变，如图 6-21 所示。单击"确定"按钮，完成所选区域的单元格格式设置。

图 6-21　设置为货币型数据

（2）输入每位员工的工资，效果如图 6-22 所示。

年龄	部门	学历	身份证号码	工资	联系方式
	员工基本信息表				
28	行政部	硕士	10012320021023	¥4,500.00	1893651****
26	人事部	本科	13022419970312	¥3,750.00	1570523****
35	宣传部	硕士	13000019850203	¥3,700.00	1870123****
28	市场部	本科	13000019920908	¥4,000.00	1518965****
34	企划部	硕士	13000019860405	¥4,000.00	1301516****
30	财务部	硕士	13000020000406	¥3,800.00	1570101****
29	财务部	硕士	13000019980708	¥3,800.00	1580439****
33	市场部	大专	13000019870523	¥3,200.00	1321332****
24	宣传部	大专	13000019961011	¥3,200.00	1518966****
25	企划部	本科	13000019951210	¥4,200.00	1310123****

图 6-22 "工资"列数据输入完成后的效果

注意

在"工资"列中输入数据后，由于"身份证号码"列较窄，部分数据无法显示，此时可以双击 G 列与 H 列间的边框线，自动调整列宽。使用同样的方法调整 I 列的列宽。

（3）保存工作簿文件，至此员工信息表制作完成。

6.3 任务小结

本任务通过制作员工信息表讲解了 Excel 2016 中新建表格后的单元格格式设置、自定义单元格格式、设置数据验证、验证数据有效性、设置自定义序列等内容。在实际操作中大家还需要注意以下问题。

（1）单元格中可以存放各种类型的数据，Excel 2016 中常见的数据类型有以下几种。

● 常规格式：是不包含特定格式的数据格式，是 Excel 中默认的数据格式。

● 数值格式：主要用于设置小数位数，还可以使用千位分隔符。默认对齐方式为右对齐。

● 货币格式：主要用于设置货币的形式，包括货币类型和小数位数。

● 会计专用格式：主要用于设置货币的形式，包括货币类型和小数位数。与货币格式的区别是，货币格式用于表示一般货币数据，会计专用格式可以对一列数值进行小数点对齐。

● 日期和时间格式：用于设置日期和时间的格式，可以用日期和时间格式来显示数字。

● 百分比格式：将单元格中的数字转换为百分比格式，会自动在转换后的数字后加"%"。

● 分数格式：使用此格式将以实际分数的形式显示或键入数字。如在没有设置分数格式的单元格中输入"3/4"，单元格中将显示为"3 月 4 日"，即日期格式。要使它显示为分数，可以先应用分数格式，再输入相应的数值。

● 文本格式：文本格式包含字母、数字和符号等，在文本格式的单元格中，数字作为文本处理，单元格中显示的内容与输入的内容完全一致。

- 自定义格式：当基本格式不能满足用户要求时，用户可以设置自定义格式。如任务中的员工编号，设置了自定义格式后，既可以简化输入的过程，又能保证位数的一致。

（2）Excel 的"数据验证"功能中还提供了"圈释无效数据"功能，可以帮助用户查看错误数据。以任务中的"身份证号码"列为例，操作方法如下。

① 选择设置了数据验证的单元格区域 G3∶G12，切换到"数据"选项卡，单击"数据验证"右侧的下拉按钮，从下拉列表中选择"圈释无效数据"命令，如图 6-23 所示。

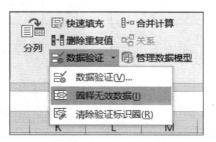

图 6-23　"圈释无效数据"命令

② 当身份证位数不正确时，不正确的数据被圈了出来，如图 6-24 所示。用户将错误数据修改正确即可。

年龄	部门	学历	身份证号码	工资	联系方式
			员工基本信息表		
28	行政部	硕士	10012320021023****	¥4,500.00	1893651****
26	人事部	本科	13022419970312****	¥3,750.00	1570523****
35	宣传部	硕士	13000019850203****	¥3,700.00	1870123****
28	市场部	本科	13000019920908**	¥4,000.00	1518965****
34	企划部	硕士	13000019860405****	¥4,000.00	1301516****
30	财务部	硕士	13000020000406****	¥3,800.00	1570101****
29	财务部	硕士	13000019980708****	¥3,800.00	1580439****
33	市场部	大专	13000019870523**	¥3,200.00	1321332****
24	宣传部	大专	13000019961011****	¥3,200.00	1518966****
25	企划部	本科	13000019951210****	¥4,200.00	1310123****

图 6-24　圈释错误数据效果

6.4　经验技巧

6.4.1　输入千分号（‰）

千分号(‰)是在表示银行的存、贷款利率或财务报表的各种财务指标时经常用到的符号，在单元格的格式设置中并没有这个符号，我们可以通过插入特殊符号来输入，操作步骤如下。

（1）将光标定位到需要插入千分号（‰）的位置。

（2）切换到"插入"选项卡，单击"符号"功能组中的"符号"按钮，打开"符号"对话框，在"字体"下拉列表框中选择"（普通文本）"选项，在"子集"下拉列表框中选择"广义标点"选项，如图 6-25 所示。在显示的列表框中找到"‰"，单击"插入"按钮，即可完成千分号的插入。在此需要注意的是：插入的千分号只用于显示，不可用于计算。

图 6-25 "符号"对话框

6.4.2 快速输入性别

在输入员工信息时，对于"性别"列，如果用"0"和"1"来代替汉字"女"和"男"，可使输入的速度大大加快，利用格式代码中使用条件判断，可根据单元格的内容显示不同的性别，以任务中的"性别"列为例，可进行如下的操作。

（1）选择单元格区域 C3：C12，打开"设置单元格格式"对话框，选择"数字"选项卡，在"分类"列表框中选择"自定义"选项，在"类型"下方的文本框中输入图 6-26 所示的格式代码。

图 6-26 自定义格式代码

（2）单击"确定"按钮，返回工作表，在所选单元格区域中输入"0"或"1"，即可实现性别的快速输入。代码中的符号均为英文状态下的符号。

在 Excel 中，为单元格设置格式代码时需要注意以下几点。

（1）自定义格式中最多只有 3 个数字字段，且只能在前 2 个数字字段中包括 2 个条件测试，满足某个测试条件的数字使用相应段中指定的格式，其余数字使用第 3 段格式。

（2）条件要放到方括号中，必须进行简单比较。

（3）创建条件格式时可以使用 6 种逻辑符号来设计条件格式，分别是大于（>）、大于或等于（>=）、小于（<）、小于或等于（<=）、等于（=）、不等于（<>）。

（4）代码"[=1]" 男 ";[=0]" 女 ""解析：表示若单元格的值为 1，则显示"男"，若单元格的值为 0，则显示"女"。

6.4.3 查找自定义格式单元格中的内容

自定义格式只是改变了数据的外观，并不改变数据的值。在查找自定义格式单元格中的内容时，以员工信息表为例，可进行如下的操作。

（1）选择"开始"选项卡，单击"编辑"功能组中的"查找和选择"按钮，从下拉列表中选择"查找"命令，如图 6-27 所示，打开"查找和替换"对话框。

（2）在"查找内容"后的文本框中输入"9"，单击"选项"按钮。在"查找范围"下拉列表中选择"公式"选项，选中"单元格匹配"复选框，如图 6-28 所示。

图 6-27 "查找"命令

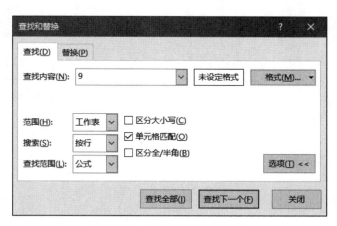

图 6-28 "查找和替换"对话框

（3）单击"查找全部"按钮，即可查找到内容为"2020009"的 A11 单元格。

6.5 拓展训练

永明电器公司为了统计 2020 年的电器销售情况，需要制作一个销售业绩表（效果见图 6-29），具体要求如下。

（1）根据效果图，新建工作簿文件"销售业绩表.xlsx"，将 Sheet1 工作表重命名为"销售业绩统计"，并向工作表中添加表格的标题和表头。

（2）根据效果图，自动填充"序号"列，向"姓名""品名"列中添加文本内容。

（3）设置"工号"列为文本型数据，利用自定义设置工号格式。

（4）添加"金额"列数据，并根据效果图设置数据类型，保留两位小数，设置千位分隔符。

（5）向"日期"列中添加数据，并设置日期格式。

（6）设置"销售方式"列数据为序列选择方式，序列内容为"代理"和"直销"两种。

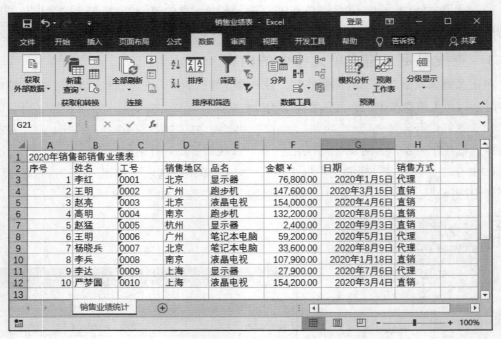

图 6-29　销售业绩表效果图

CHAPTER 7

任务 7 员工社保情况统计

7.1 任务简介

7.1.1 任务要求与效果展示

李强是某企业行政部的一名助理，主要负责该公司员工档案的日常管理和员工每年各项基本社会保险费用的统计。针对企业员工的基本情况，现需要李强对本年度 12 月的员工社保情况进行统计。要求如下。

- 对员工的身份证号进行检验后将正确的身份证号写入“员工档案”工作表中。
- 统计员工的年龄及工龄工资。
- 统计员工社保费用。

现要求李强利用 Excel 中的公式和常用函数做好统计工作。效果如图 7-1 所示。

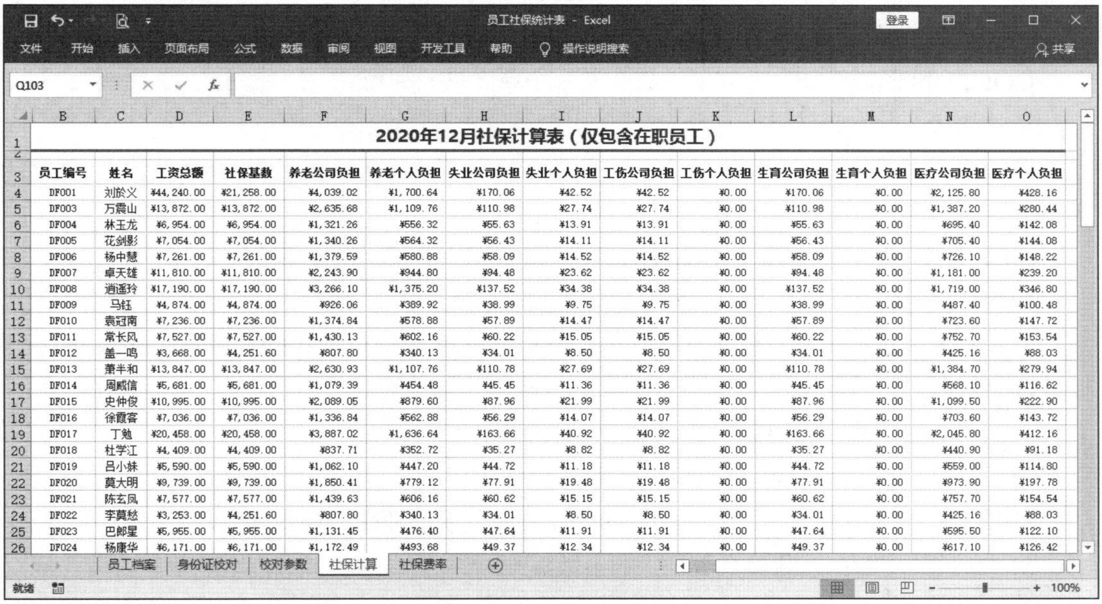

2020年12月社保计算表（仅包含在职员工）

员工编号	姓名	工资总额	社保基数	养老公司负担	养老个人负担	失业公司负担	失业个人负担	工伤公司负担	工伤个人负担	生育公司负担	生育个人负担	医疗公司负担	医疗个人负担
DF001	刘於义	¥44,240.00	¥21,258.00	¥4,039.02	¥1,700.64	¥170.06	¥42.52	¥42.52	¥0.00	¥170.06	¥0.00	¥2,125.80	¥428.16
DF003	万震山	¥13,872.00	¥13,872.00	¥2,635.68	¥1,109.76	¥110.98	¥27.74	¥27.74	¥0.00	¥110.98	¥0.00	¥1,387.20	¥280.44
DF004	林玉龙	¥6,954.00	¥6,954.00	¥1,321.26	¥556.32	¥55.63	¥13.91	¥13.91	¥0.00	¥55.63	¥0.00	¥695.40	¥142.08
DF005	花剑影	¥7,054.00	¥7,054.00	¥1,340.26	¥564.32	¥56.43	¥14.11	¥14.11	¥0.00	¥56.43	¥0.00	¥705.40	¥144.08
DF006	杨中慧	¥7,261.00	¥7,261.00	¥1,379.59	¥580.88	¥58.09	¥14.52	¥14.52	¥0.00	¥58.09	¥0.00	¥726.10	¥148.22
DF007	卓天雄	¥11,810.00	¥11,810.00	¥2,243.90	¥944.80	¥94.48	¥23.62	¥23.62	¥0.00	¥94.48	¥0.00	¥1,181.00	¥239.20
DF008	逍遥玲	¥17,190.00	¥17,190.00	¥3,266.10	¥1,375.20	¥137.52	¥34.38	¥34.38	¥0.00	¥137.52	¥0.00	¥1,719.00	¥346.80
DF009	马钰	¥4,874.00	¥4,874.00	¥926.06	¥389.92	¥38.99	¥9.75	¥9.75	¥0.00	¥38.99	¥0.00	¥487.40	¥100.48
DF010	袁冠南	¥7,236.00	¥7,236.00	¥1,374.84	¥578.88	¥57.89	¥14.47	¥14.47	¥0.00	¥57.89	¥0.00	¥723.60	¥147.72
DF011	常长风	¥7,527.00	¥7,527.00	¥1,430.13	¥602.16	¥60.22	¥15.05	¥15.05	¥0.00	¥60.22	¥0.00	¥752.70	¥153.54
DF012	盖一鸣	¥3,668.00	¥4,251.60	¥807.80	¥340.13	¥34.01	¥8.50	¥8.50	¥0.00	¥34.01	¥0.00	¥425.16	¥88.03
DF013	萧半和	¥13,847.00	¥13,847.00	¥2,630.93	¥1,107.76	¥110.78	¥27.69	¥27.69	¥0.00	¥110.78	¥0.00	¥1,384.70	¥279.94
DF014	周威信	¥5,681.00	¥5,681.00	¥1,079.39	¥454.48	¥45.45	¥11.36	¥11.36	¥0.00	¥45.45	¥0.00	¥568.10	¥116.62
DF015	史仲俊	¥10,995.00	¥10,995.00	¥2,089.05	¥879.60	¥87.96	¥21.99	¥21.99	¥0.00	¥87.96	¥0.00	¥1,099.50	¥222.90
DF016	徐霞客	¥7,036.00	¥7,036.00	¥1,336.84	¥562.88	¥56.29	¥14.07	¥14.07	¥0.00	¥56.29	¥0.00	¥703.60	¥143.72
DF017	丁勉	¥20,458.00	¥20,458.00	¥3,887.02	¥1,636.64	¥163.66	¥40.92	¥40.92	¥0.00	¥163.66	¥0.00	¥2,045.80	¥412.16
DF018	杜学江	¥4,409.00	¥4,409.00	¥837.71	¥352.72	¥35.27	¥8.82	¥8.82	¥0.00	¥35.27	¥0.00	¥440.90	¥91.18
DF019	吕小妹	¥5,590.00	¥5,590.00	¥1,062.10	¥447.20	¥44.72	¥11.18	¥11.18	¥0.00	¥44.72	¥0.00	¥559.00	¥114.80
DF020	莫大明	¥9,739.00	¥9,739.00	¥1,850.41	¥779.12	¥77.91	¥19.48	¥19.48	¥0.00	¥77.91	¥0.00	¥973.90	¥197.78
DF021	陈玄风	¥7,577.00	¥7,577.00	¥1,439.63	¥606.16	¥60.62	¥15.15	¥15.15	¥0.00	¥60.62	¥0.00	¥757.70	¥154.54
DF022	李莫愁	¥3,253.00	¥4,251.60	¥807.80	¥340.13	¥34.01	¥8.50	¥8.50	¥0.00	¥34.01	¥0.00	¥425.16	¥88.03
DF023	巴郎星	¥5,955.00	¥5,955.00	¥1,131.45	¥476.40	¥47.64	¥11.91	¥11.91	¥0.00	¥47.64	¥0.00	¥595.50	¥122.10
DF024	杨康华	¥6,171.00	¥6,171.00	¥1,172.49	¥493.68	¥49.37	¥12.34	¥12.34	¥0.00	¥49.37	¥0.00	¥617.10	¥126.42

图 7-1 员工社保情况统计效果图

7.1.2　知识技能目标

本任务涉及的知识点主要有：公式的使用、单元格的相对引用和绝对引用、常见函数的使用、函数的嵌套等。

知识技能目标如下。

- 掌握 Excel 中公式的输入与编辑。
- 掌握单元格的相对引用与绝对引用。
- 掌握 IF、VLOOKUP、MID、TEXT、INT、CEILING、MOD、SUMPRODUCT 等常见函数。

7.2　任务实施

7.2.1　校对员工身份证号

微课视频

校对员工身份证号

员工的身份证号由 18 位数字组成，由于数字较多，录入时难免会出现遗漏或错误，为保证身份证号的正确性，需要对录入的员工身份证号进行校对。思路如下。

- 将员工的身份证号自左向右拆分到对应的列中。
- 将身份证号的前 17 位数字分别与对应系数相乘，将乘积之和除以 11，所得余数即为计算出的检验码。
- 将原身份证号的第 18 位与计算出的检验码进行对比，相符说明输入的身份证号是正确的，不符说明输入的身份证号有误。突出显示校对后的错误结果。

掌握本任务公式中用到的 IF、VLOOKUP、MID、TEXT、INT、CEILING、MOD、SUMPRODUCT 等常见函数的使用。

COLUMN 函数功能：返回所选择的某一个单元格的列数。

语法格式：`COLUMN(reference)`

参数说明：reference 为可选参数，如果省略，则默认返回函数 COLUMN 所在单元格的列数。

MID 函数功能：从一个文本字符串的指定位置开始截取指定数目的字符。

语法格式：`MID(text,start_num,num_chars)`

参数说明：text 代表一个文本字符串；start_num 表示指定的起始位置；num_chars 表示要截取的数目。

TEXT 函数功能：将指定的值转换为特定的格式。

语法格式：`TEXT(value,format_text)`

参数说明：value 是需要转换的值；format_text 表示需要转换为的格式。

MOD 函数功能：返回两个数相除的余数。

语法格式：`MOD(number,divisor)`

参数说明：number 是被除数；divisor 为除数。

SUMPRODUCT 函数功能：在给定的几组数组中，将数组间对应的元素相乘，并返回乘积之和。

语法格式：`SUMPRODUCT(array1,[array2],[array3],...)`

参数说明：array1 为必选参数，其元素是需要进行相乘并求和的第一个数组；[array2]，[array3]，... 为可选参数，为 2 到 255 个数组参数，其相应元素需要进行相乘并求和。此处需要注意，数组参数必须具有相同的维数，否则，函数 SUMPRODUCT 将返回错误值"#VALUE!"。

了解了所需要的函数，具体操作如下。

（1）打开素材中的工作簿文件"员工社保统计表 .xlsx"，切换到"身份证校对"工作表。

（2）选择单元格 D3，在其中输入公式"=MID($C3,COLUMN(D2)−3,1)"，输入完成后，按 <Enter> 键，即可在单元格 D3 中显示出编号为"DF001"的员工的身份证号的第 1 位数字。再次选择单元格 D3，向右拖动填充句柄填充到单元格 U3，然后双击单元格 U3 的填充句柄向下自动填充到 U102 单元格。效果如图 7-2 所示。

员工编号	身份证号	第1位	第2位	第3位	第4位	第5位	第6位	第7位	第8位	第9位	第10位	第11位	第12位	第13位	第14位	第15位	第16位	第17位	第18位	计算校验码	校验结果
DF001	11010819630102011X	1	1	0	1	0	8	1	9	6	3	0	1	0	2	0	1	1	X		
DF003	310108197712121136	3	1	0	1	0	8	1	9	7	7	1	2	1	2	1	1	3	6		
DF004	37220819751009051X	3	7	2	2	0	8	1	9	7	5	1	0	0	9	0	5	1	X		
DF005	110101197209021144	1	1	0	1	0	1	1	9	7	2	0	9	0	2	1	1	4	4		
DF006	110108197812120129	1	1	0	1	0	8	1	9	7	8	1	2	1	2	0	1	2	9		
DF007	410205196412278217	4	1	0	2	0	5	1	9	6	4	1	2	2	7	8	2	1	7		
DF008	110102197305120122	1	1	0	1	0	2	1	9	7	3	0	5	1	2	0	1	2	2		
DF009	55101819860731112X	5	5	1	0	1	8	1	9	8	6	0	7	3	1	1	1	2	X		
DF010	372208197310070514	3	7	2	2	0	8	1	9	7	3	1	0	0	7	0	5	1	4		
DF011	410205197908278231	4	1	0	2	0	5	1	9	7	9	0	8	2	7	8	2	3	1		
DF012	110106198504040125	1	1	0	1	0	6	1	9	8	5	0	4	0	4	0	1	2	5		
DF013	370108197202213154	3	7	0	1	0	8	1	9	7	2	0	2	2	1	3	1	5	4		
DF014	610308198111020379	6	1	0	3	0	8	1	9	8	1	1	1	0	2	0	3	7	9		
DF015	420316197409283219	4	2	0	3	1	6	1	9	7	4	0	9	2	8	3	2	1	9		
DF016	327018198310123016	3	2	7	0	1	8	1	9	8	3	1	0	1	2	3	0	1	6		
DF017	110105196410020101	1	1	0	1	0	5	1	9	6	4	1	0	0	2	0	1	0	1		
DF018	110103198111090026	1	1	0	1	0	3	1	9	8	1	1	1	0	9	0	0	2	6		
DF019	210108197912031123	2	1	0	1	0	8	1	9	7	9	1	2	0	3	1	1	2	3		
DF020	302204198508090314	3	0	2	2	0	4	1	9	8	5	0	8	0	9	0	3	1	4		
DF021	110106197809121108	1	1	0	1	0	6	1	9	7	8	0	9	1	2	1	1	0	8		

图 7-2　身份证号分解后的效果（部分）

（3）选择单元格 V3，在其中输入公式"=TEXT(VLOOKUP(MOD(SUMPRODUCT(D3:T3*校对参数 !$E$5:$U$5),11),校对参数 !$B$5:$C$15,2,0),"@")"，按 <Enter> 键结束输入，利用填充句柄填充到 V102 单元格。

（4）选择单元格 W3，在其中输入公式"=IF(U3=V3," 正确 "," 错误 ")"，按 <Enter> 键结束输入，利用填充句柄填充到 W102 单元格。

（5）为了突出显示"错误"的校验结果，可以利用条件格式设置其字体颜色与填充颜色。使单元格区域 W3:W102 处于被选中的状态，切换到"开始"选项卡，单击"样式"功能组中的"条件格式"按钮，在下拉列表中选择"新建规则"命令，打开"新建格式规则"对话框，在"选择规则类型"列表框中选择"使用公式确定要设置格式的单元格"选项，在"为符合此公式的值设置格式"下方的编辑框中输入公式"=if($W3=" 错误 ",TRUE,FALSE)"，单击"格式"按钮，打开"设置单元格格式"对话框，在"字体"选项卡中设置"字体颜色"为"标准色"中的"红色"，在"填充"选项卡中设置"背景色"为"浅绿"，如图 7-3 所示。单击"确定"按钮，完成条件格式设置。效果如图 7-4 所示。

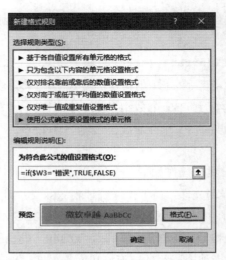

图 7-3 "新建格式规则"对话框

员工编号	身份证号	第1位	第2位	第3位	第4位	第5位	第6位	第7位	第8位	第9位	第10位	第11位	第12位	第13位	第14位	第15位	第16位	第17位	第18位	计算校验码	校验结果
DF001	110108196301020011X	1	1	0	1	0	8	1	9	6	3	0	1	0	2	0	1	1	X	X	正确
DF003	310108197712121136	3	1	0	1	0	8	1	9	7	7	1	2	1	2	1	1	3	6	6	正确
DF004	372208197510090551X	3	7	2	2	0	8	1	9	7	5	1	0	0	9	0	5	1	X	X	正确
DF005	110101197209021144	1	1	0	1	0	1	1	9	7	2	0	9	0	2	1	1	4	4	4	正确
DF006	110108197812120129	1	1	0	1	0	8	1	9	7	8	1	2	1	2	0	1	2	9	5	错误
DF007	410205196412278217	4	1	0	2	0	5	1	9	6	4	1	2	2	7	8	2	1	7	7	正确
DF008	110102197305120122	1	1	0	1	0	2	1	9	7	3	0	5	1	2	0	1	2	2	2	正确
DF009	551018198607311112X	5	5	1	0	1	8	1	9	8	6	0	7	3	1	1	1	2	X	X	正确
DF010	372208197310070514	3	7	2	2	0	8	1	9	7	3	1	0	0	7	0	5	1	4	4	正确
DF011	410205197908278231	4	1	0	2	0	5	1	9	7	9	0	8	2	7	8	2	3	1	1	正确
DF012	110106198504040125	1	1	0	1	0	6	1	9	8	5	0	4	0	4	0	1	2	5	5	正确
DF013	370101197202213154	3	7	0	1	0	1	1	9	7	2	0	2	2	1	3	1	5	4	4	正确
DF014	610308198111020379	6	1	0	3	0	8	1	9	8	1	1	1	0	2	0	3	7	9	9	正确

图 7-4 身份证号校对后的效果（部分）

7.2.2 完善员工档案信息

员工的身份证号中包含了员工的性别、出生日期等信息，所以在"员工档案"工作表中录入正确的身份证号很重要。通过上一小节的操作，我们已经验证了身份证号的正确性，对于正确的号码，直接将其录入到"员工档案"工作表中即可；对于错误的身份证号，假设所有错误的号码都是由于最后一位检验码输错导致的，我们可以将错误号码的前 17 位与正确的验证码连接，即可输入正确的身份证号。此处需要使用 IF、VLOOKUP、MID 函数的嵌套。具体操作如下。

（1）切换到"员工档案"工作表，选择单元格区域 C3：C102，右键单击鼠标，从弹出的快捷菜单中选择"设置单元格格式"命令，打开"设置单元格格式"对话框，在"数字"选项卡的"分类"列表框中选择"常规"选项，单击"确定"按钮，完成选中的区域的格式设置。

（2）选择单元格 C3，在其中输入公式"=IF(VLOOKUP(A3,身份证校对 !\$B\$3:\$W\$102,22,0)=" 错误 ",MID(VLOOKUP(A3,身份证校对 !\$B\$3:\$W\$102,2,0),1,17) & VLOOKUP(A3,身份证校对 !\$B\$3:\$W\$102,21,0),VLOOKUP(A3,身份证校对 !\$B\$3:\$W\$102,2,0)))"，按 <Enter>键完成公式的输入。

（3）利用填充句柄填充公式到 C102 单元格。

在 18 位的身份证号中，第 17 位是判断性别的数字，奇数代表男性，偶数代表女性，可以利用 MID 函数将第 17 位数字提取出来，然后利用 MOD 函数取第 17 位数字除以 2 的余数，如果余数为 0，则第 17 位是偶数，也就是该身份证号对应的员工的性别是女性，反之，则说明身份证号对应的员工的性别为男性。具体操作如下。

（1）选择单元格 D3，在其中输入公式“=IF(MOD(MID(C3,17,1),2)," 男 "," 女 ")”，输入完成后，按 <Enter> 键即可在 D3 单元格中显示出性别。

（2）再次选择单元格 D3，利用填充句柄填充到 D102 单元格。

在 18 位的身份证号中，第 7 至 14 位是出生日期，可以利用 MID 函数提取年、月、日数字，然后利用 DATE 函数进行格式转换。

DATE 函数功能：返回代表特定日期的序列号。

语法格式：`DATE(year,month,day)`

参数说明：year 是 1 到 4 位数字，代表年份；month 代表月份，day 代表在该月份中为第几天。

了解了所需要的函数，具体操作如下。

（1）选择单元格 E3，在其中输入公式“=DATE(MID(C3,7,4),MID(C3,11,2),MID(C3,13,2))”，输入完成后，按 <Enter> 键即可在 E3 单元格中显示出获取的出生日期。

（2）再次选择单元格 E3，利用填充句柄填充到 E102 单元格。

统计了员工的出生日期以后，计算每位员工截至 2020 年 12 月 31 日的年龄，每满一年才计算一岁，一年按 365 天计算。可以利用 DATE 函数将 2020 年 12 月 31 日转换成日期型数据，使其与出生日期做减法，得到的结果除以 365，再用 INT 函数取整。

INT 函数功能：将数值向下取整为最接近的整数。

语法格式：`INT(number)`

参数说明：number 为需要进行向下取整的实数。

了解了所需要的函数，具体操作如下。

（1）选择单元格 F3，在其中输入公式“=INT((DATE(2020,12,31)−E3)/365)”，输入完成后，按 <Enter> 键即可在 F3 单元格中显示出第一位员工的年龄。

（2）向下拖动填充句柄填充至 F102 单元格。效果如图 7-5 所示。

	A	B	C	D	E	F
1						
2	员工编号	姓名	身份证号	性别	出生日期	年龄
3	DF001	刘於义	11010819630102011X	男	1963年1月2日	58
4	DF003	万震山	310108197712121136	男	1977年12月12日	43
5	DF004	林玉龙	37220819751009051X	男	1975年10月9日	45
6	DF005	花剑影	110101197209021144	女	1972年9月2日	48
7	DF006	杨中慧	110108197812120125	女	1978年12月12日	42
8	DF007	卓天雄	410205196412278217	男	1964年12月27日	56
9	DF008	逍遥玲	110102197305120122	女	1973年5月12日	47
10	DF009	马钰	55101819860731112X	女	1986年7月31日	34
11	DF010	袁冠南	372208197310070514	男	1973年10月7日	47
12	DF011	常长风	410205197908278231	男	1979年8月27日	41
13	DF012	盖一鸣	110106198504040125	女	1985年4月4日	35
14	DF013	萧半和	370108197202213154	男	1972年2月21日	48
15	DF014	周威信	610308198111020379	男	1981年11月2日	39
16	DF015	史仲俊	420316197409283219	男	1974年9月28日	46
17	DF016	徐霞客	327018198310123016	男	1983年10月12日	37
18	DF017	丁勉	110105196410020101	女	1964年10月2日	56
19	DF018	杜学江	110103198111090026	女	1981年11月9日	39
20	DF019	吕小妹	210108197912031123	女	1979年12月3日	41
21	DF020	莫大明	302204198508090314	男	1985年8月9日	35

图 7-5　统计性别、出生日期、年龄后的效果（部分）

7.2.3　计算员工工资总额

员工的工资总额由工龄工资、签约工资、上年月均奖金 3 部分组成。员工的工龄工资由员工在该公司工龄乘以 50 得到，员工的工龄以员工入职时间计算，不足半年按半年计，超过半年按一年计，一年按 365 天计算，计算结果需要保留一位小数。可以利用 DATE 函数将 2020 年 12 月 31 日转换成日期型数据，使其与入职时间做减法，得到的结果除以 365，再用 CEILING 函数四舍五入。

微课视频
计算员工工资总额

CEILING 函数功能：将参数 number 向上舍入（沿绝对值增大的方向）为最接近的 significance 的倍数。

语法格式：CEILING(number, significance)

参数说明：number 为必需参数，表示要舍入的值；significance 也为必需参数，表示要舍入到的倍数。

了解了所需要的函数，具体操作如下。

（1）选中 K3 单元格，在其中输入公式"=CEILING((DATE(2020,12,31)-J3)/365,0.5)"，输入完成后，按 <Enter> 键即可在 K3 单元格中显示出第一位员工的工龄。

（2）利用填充句柄计算出所有员工的工龄。

（3）选择单元格区域 K3：K102，打开"设置单元格格式"对话框，切换到"数字"选项卡，在"分类"下方的列表框中选择"数值"选项，设置右侧"小数位数"的值为"1"，如图 7-6 所示。单击"确定"按钮，完成小数位数的设置。

图 7-6　"设置单元格格式"对话框

（4）选择单元格 M3，在其中输入公式"=K3*50"，按 <Enter> 键确认输入，并利用填充句柄填充到 M102 单元格。

（5）选择单元格 O3，在其中输入公式"=SUM(L3：N3)"，按 <Enter> 键确认输入，并利用填充句柄填充到 O102 单元格。效果如图 7-7 所示。

姓名	身份证号	性别	出生日期	年龄	部门	职务	学历	入职时间	本公司工龄	签约工资	工龄工资	上年月均奖金	工资总额
刘宗义	11010819630102011X	男	1963年1月2日	58	管理	总经理	博士	2001年2月1日	20.0	40,000.00	1,000.00	3,240.00	44,240.00
万震山	31010819771212136	男	1977年12月12日	43	管理	项目经理	硕士	2003年7月1日	18.0	12,000.00	900.00	972.00	13,872.00
林玉龙	37220819751009051X	男	1975年10月9日	45	研发	员工	本科	2003年7月2日	18.0	5,600.00	900.00	454.00	6,954.00
花剑影	11010119720902011144	女	1972年9月2日	48	人事	员工	本科	2001年6月1日	20.0	5,600.00	1,000.00	454.00	7,054.00
杨中慧	11010819781212012S	女	1978年12月12日	42	研发	员工	本科	2005年9月1日	15.5	6,000.00	775.00	486.00	7,261.00
卓天雄	41020519641212278217	男	1964年12月12日	56	管理	技术经理	硕士	2001年3月1日	20.0	10,000.00	1,000.00	810.00	11,810.00
逍遥玲	11010219730512012Z	女	1973年5月12日	47	管理	销售经理	硕士	2001年10月1日	19.5	15,000.00	975.00	1,215.00	17,190.00
马钰	55101819860731112X	男	1986年7月31日	34	行政	员工	本科	2010年5月1日	11.0	4,000.00	550.00	324.00	4,874.00
袁冠南	37220819731007051A	男	1973年10月7日	47	研发	员工	本科	2006年3月1日	15.0	6,000.00	750.00	486.00	7,236.00
常长风	41020519790827823I	男	1979年8月27日	41	研发	员工	本科	2011年4月1日	10.0	6,500.00	500.00	527.00	7,527.00
盖一鸣	11010619850404012S	女	1985年4月4日	35	市场	员工	中专	2013年1月1日	8.5	3,000.00	425.00	243.00	3,668.00
萧半和	11010819720221318	男	1972年2月21日	48	研发	项目经理	硕士	2003年8月1日	17.5	12,000.00	875.00	972.00	13,847.00
周威信	61030819811102037Q	男	1981年11月2日	39	行政	员工	本科	2009年3月1日	12.0	4,700.00	600.00	381.00	5,681.00
史仲俊	42031619740928219	男	1974年9月28日	46	管理	人事经理	硕士	2006年1月1日	14.5	9,500.00	725.00	770.00	10,995.00
徐霞客	32701819830123016	男	1983年10月12日	37	研发	员工	本科	2010年2月1日	11.0	6,000.00	550.00	486.00	7,036.00
丁勉	11010519641002010I	男	1964年10月2日	56	管理	项目经理	博士	2001年6月1日	20.0	18,000.00	1,000.00	1,458.00	20,458.00
杜学江	11010319811109002G	女	1981年11月9日	39	市场	员工	中专	2008年12月28日	12.5	3,500.00	625.00	284.00	4,409.00
吕小妹	11010819791203112J	女	1979年12月3日	41	行政	员工	本科	2007年1月1日	14.5	4,500.00	725.00	365.00	5,590.00
黄大明	30220419850809031I	男	1985年8月9日	35	研发	员工	硕士	2010年3月1日	11.0	8,500.00	550.00	689.00	9,739.00
陈玄风	11010619780912021108	女	1978年9月12日	42	研发	员工	本科	2010年3月2日	11.0	6,500.00	550.00	527.00	7,577.00

图 7-7　"工资总额"计算完成后的效果（部分）

7.2.4　计算员工社保

该市上年职工平均月工资为 7 086 元，社保基数最低为人均月工资 7 086 元的 60%，最高为人均月工资 7 086 元的 3 倍。当工资总额小于最低基数时，社保基数为最低基数；当工资总额大于最高基数时，社保基数为最高基数；当工资总额在最低基数与最高基数之间时，社保基数为工资总额。利用 IF 函数即可计算员工社保，具体操作如下。

（1）切换到"员工档案"工作表，按住 <Ctrl> 键，选择"员工编号""姓名""工资总额" 3 列数据（注意选择时不包含列标题），右键单击鼠标，在弹出的快捷菜单中选择"复制"命令。

（2）切换到"社保计算"工作表，选择单元格 B4，右键单击鼠标，从弹出的快捷菜单中选择"粘贴选项"中的"值"命令，如图 7-8 所示。

（3）选择单元格 E4，在其中输入公式"=IF(D4<7086*60%,7086*60%,IF(D4>7086*3,7086*3,D4))"，按 <Enter> 键确认输入，利用填充句柄填充到单元格 E103。

图 7-8　"粘贴选项"命令

（4）由于每位员工每个险种的应缴社保费等于个人的社保基数乘以相应的险种费率，因此选择单元格 F4，在其中输入公式"=E4* 社保费率 !$B$4"，按 <Enter> 键确认输入，利用填充句柄填充到单元格 F103。

（5）选择单元格 G4，在其中输入公式"=E4* 社保费率 !$C$4"，按 <Enter> 键确认输入，利用填充句柄填充到单元格 G103。

（6）选择单元格 H4，在其中输入公式 "=E4* 社保费率 !$B$5"，按 <Enter> 键确认输入，利用填充句柄填充到单元格 H103。

（7）选择单元格 I4，在其中输入公式 "=E4* 社保费率 !$C$5"，按 <Enter> 键确认输入，利用填充句柄填充到单元格 I103。

（8）选择单元格 J4，在其中输入公式 "=E4* 社保费率 !$B$6"，按 <Enter> 键确认输入，利用填充句柄填充到单元格 J103。

（9）选择单元格 K4，在其中输入公式 "=E4* 社保费率 !$C$6"，按 <Enter> 键确认输入，利用填充句柄填充到单元格 K103。

（10）选择单元格 L4，在其中输入公式 "=E4* 社保费率 !$B$7"，按 <Enter> 键确认输入，利用填充句柄填充到单元格 L103。

（11）选择单元格 M4，在其中输入公式 "=E4* 社保费率 !$C$7"，按 <Enter> 键确认输入，利用填充句柄填充到单元格 M103。

（12）选择单元格 N4，在其中输入公式 "=E4* 社保费率 !$B$8"，按 <Enter> 键确认输入，利用填充句柄填充到单元格 N103。

（13）由于医疗个人负担中还有个人额外费用一项，因此在单元格 O4 中输入公式 "=E4* 社保费率 !$C$8+ 社保费率 !$D$8"，按 <Enter> 键确认输入，利用填充句柄填充到单元格 O103。

（14）选中表格中所有的金额数据，即单元格区域 D4：O103，打开"设置单元格格式"对话框，在"数字"选项卡的"分类"列表框中选择"货币"选项，设置"小数位数"为"2"，设置"货币符号"为"¥"，如图 7-9 所示。单击"确定"按钮，完成所选区域的单元格格式设置。

图 7-9　设置为"货币"格式

（15）单击"保存"按钮，保存工作簿文件，任务完成。

7.3 任务小结

本任务通过对员工社保情况的统计分析讲解了 Excel 2016 中公式和函数的使用、单元格的引用、函数嵌套使用等内容。在实际操作中大家还需要注意以下问题。

（1）当公式中引用了自身所在的单元格时，不论是直接引用还是间接引用，都称为循环引用。例如，在单元格 A2 中输入公式"=1+A2"，由于公式出现在单元格 A2 中，相当于单元格 A2 引用了单元格 A2，此时就产生了循环引用，公式输入完成，按 <Enter> 键后，系统将弹出图 7-10 所示的提示框。单击"确定"按钮，将会定位循环引用；单击"帮助"按钮，可查看循环引用更多的信息。

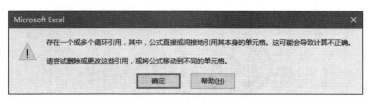

图 7-10　循环引用后的提示框

若必须使用循环引用，且需要得到正确的结果，需要启用迭代计算。例如，在单元格 A3 中输入公式"=A1+A2"，在单元格 A1 中输入数据"1"，在单元格 A2 中输入公式"=A3*2"，这样单元格 A2 的值又依赖于 A3，而 A3 单元格的值又依赖于 A2，形成了间接的循环引用。此时可进行如下操作。

① 新建一个空白工作簿，单击"文件"按钮，在列表中选择"选项"命令，打开"Excel 选项"对话框。

② 单击"公式"选项，在"计算选项"栏中勾选"启用迭代计算"复选框，如图 7-11 所示。

图 7-11　"Excel 选项"对话框

③ 单击"确定"按钮，完成循环引用的设置。

（2）由于 Excel 内置函数太多，我们无法一一掌握，此时可以利用 Excel 内置的帮助系统。利用该系统，用户可以解决在使用 Excel 过程中所遇到的各种问题，了解 Excel 的新技术、函数说明及应用等。启用 Excel 的帮助系统的操作如下。

① 打开工作簿窗口，按 <F1> 键，打开 Excel "帮助"窗口，如图 7-12 所示。

图 7-12 "帮助"窗口

② 在搜索框中输入关键字"RANK 函数"，单击"搜索"按钮，即可在窗口中显示与"RANK 函数"相关的内容。

③ 单击"RANK 函数"超链接，如图 7-13 所示，即可在窗口中看到 RANK 函数的说明、参数含义等内容，如图 7-14 所示。

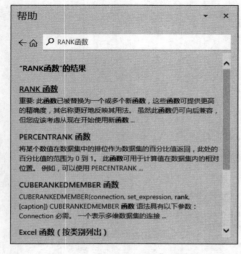

图 7-13 "RANK 函数"超链接

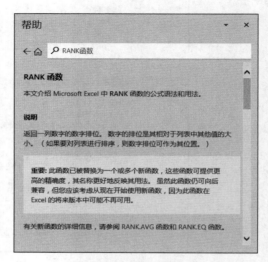

图 7-14 RANK 函数的信息

（3）常见日期与时间函数如下。

- TODAY：一般格式是 TODAY()，功能是显示当前的日期。该函数没有参数。
- NOW：一般格式是 NOW()，功能是返回当前的日期和时间。该函数没有参数。
- YEAR：一般格式是 YEAR(serial-number)，功能是返回某日期对应的年份。serial-number 为一个日期值，即需要查找年份的日期。
- MONTH：一般格式是 MONTH(serial-number)，功能是返回某日期对应的月份。
- DAY：一般格式是 DAY(serial-number)，功能是返回某日期对应当月的天数。
- WEEKDAY：一般格式是 WEEKDAY(serial-number，return_type)，功能是返回某日为星期几。serial-number 为必需的参数，代表指定的日期或引用含有日期的单元格；return_type 为可选参数，表示返回值类型。其值为 1 或省略时，返回数字 1（星期日）到数字 7（星期六）；其值为 2 时，返回数字 1（星期一）到数字 7（星期日）；其值为 3 时，返回数字 0（星期一）到数字 6（星期日）。

7.4　经验技巧

7.4.1　巧用剪贴板

Office 剪贴板是内存中的一块区域，能够暂存 Office 文档或其他程序复制的多个文本和图形项目，并将其粘贴到另一个 Office 文档中。通过使用剪贴板，可以在文档中根据需要排列所复制的项目。

Office 剪贴板使用标准的"复制"和"粘贴"命令。使用"复制"命令将项目复制到剪贴板（即将其添加到剪贴板项目集合中）中，就可以随时将其从剪贴板中粘贴到任何 Office 文档中。收集的项目将保留在剪贴板中，直到退出所有 Office 程序或从剪贴板任务窗格中将其删除。

在日常的工作中，复制和粘贴是最为频繁的操作之一，经常会出现需要多次复制多个文本或图片的情况，如果文本和图片放在不同的文件中，每次都要到不同的文件中去复制，会花费很多时间，降低工作效率，此时，利用剪贴板可以很好地解决此问题，操作如下。

（1）在打开的工作簿文件中，切换到"开始"选项卡，单击"剪贴板"功能组右下角的对话框启动器按钮，打开"剪贴板"窗格，如图 7-15 所示。

（2）单击需要粘贴的项目右侧的下拉按钮，在下拉列表中选择"粘贴"命令，如图 7-16 所示，即可快速粘贴该项目。

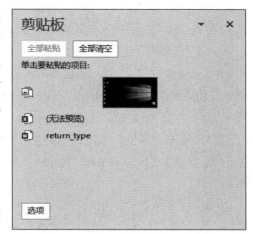

图 7-15　"剪贴板"窗格

需要注意以下事项。

- 剪贴板中可容纳的项目数最多为 24 个，若超出此限制，则按复制时间的先后次序依次被后来的项目所替换。
- 单击"选项"按钮，可以通过其中的"按组合键 Ctrl+C 两次后显示 Office 剪贴板"命令快速调出 Office 剪贴板窗口，如图 7-17 所示。

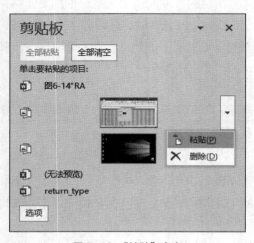

图 7-16 "粘贴"命令

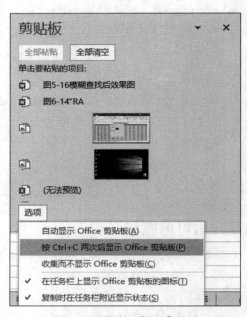

图 7-17 剪贴板"选项"按钮

7.4.2 使用公式求值分步检查

Excel 公式的应用无处不在，当对公式计算结果产生怀疑，想查看指定单元格中公式的计算过程与结果时，可利用 Excel 提供的公式求值功能，使用该功能可大大提高检查错误公式的效率。以"员工档案"工作表为例，可进行如下的操作。

（1）切换到"员工社保统计表"工作簿中的"员工档案"工作表，选择单元格 F3。

（2）切换到"公式"选项卡，单击"公式审核"功能组中的"公式求值"按钮，如图 7-18 所示，打开"公式求值"对话框。

（3）单击"求值"按钮，如图 7-19 所示。可看到"DATE(2020,12,31)"的值，如图 7-20 所示。

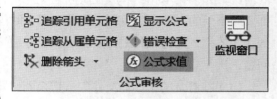

图 7-18 "公式求值"按钮

（4）继续单击"求值"按钮，最后可在界面中看到公式计算的结果，最后单击"关闭"按钮，如图 7-21 所示。单击"重新启动"按钮，可重新进行分步计算。

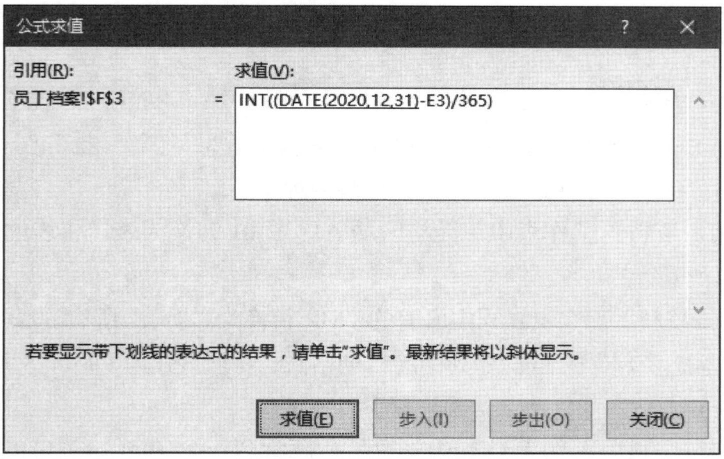

图 7-19 “公式求值”对话框

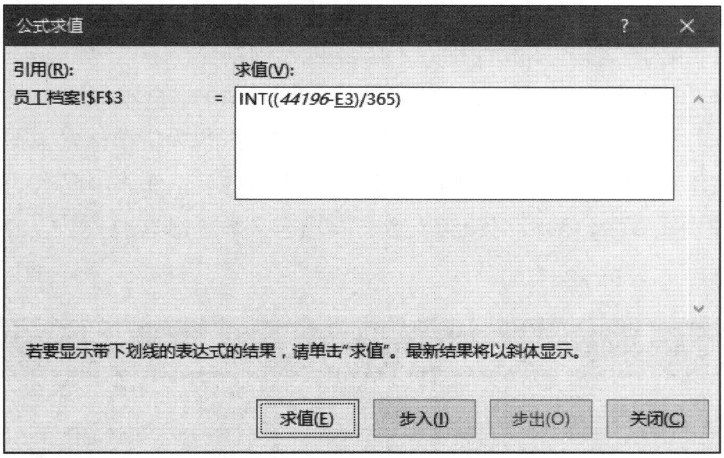

图 7-20 DATE 函数求值结果

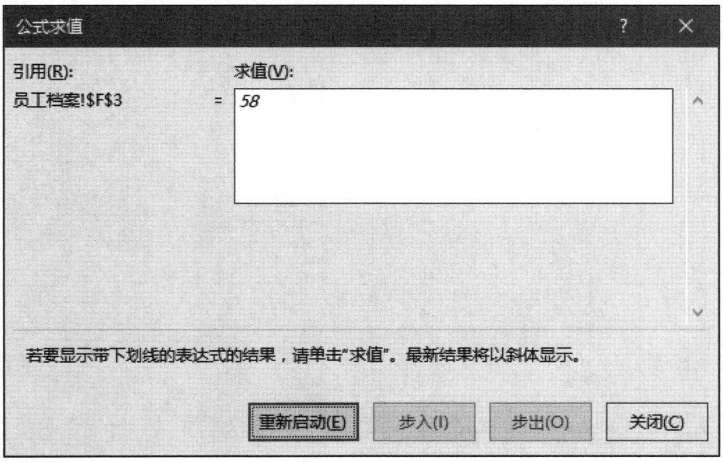

图 7-21 公式最后结果

7.5 拓展训练

王明是某在线销售数码产品公司的管理人员，于 2020 年初随机抽取了 100 名网站注册会员，准备使用 Excel 分析他们上一年度的消费情况（效果见图 7-22 和图 7-23），请根据素材文件夹中的"Excel.xlsx"进行操作。具体要求如下。

（1）将"客户资料"工作表中单元格区域 A1：F101 转换为表，将表的名称修改为"客户资料"，并取消隔行的底纹效果。

（2）将"客户资料"工作表 B 列中所有的"M"替换为"男"，所有的"F"替换为"女"。

（3）修改"客户资料"工作表 C 列中的日期格式，要求格式为"80 年 5 月 9 日"这样（年份只显示后两位）。

（4）在"客户资料"工作表 D 列中计算每位顾客到 2020 年 1 月 1 日止的年龄，规则为每到下一个生日计 1 岁。

（5）在"客户资料"工作表 E 列中计算每位顾客到 2010 年 1 月 1 日止所处的年龄段，年龄段的划分标准位于"按年龄和性别"工作表的 A 列中。

（6）在"客户资料"工作表 F 列中计算每位顾客 2019 年全年消费金额，各季度的消费情况位于"2019 年消费"工作表中，将 F 列的计算结果修改为货币格式，保留 0 位小数。

（7）在"按年龄和性别"工作表中，根据"客户资料"工作表中已有的数据，在 B 列、C 列和 D 列中分别计算各年龄段男顾客人数、女顾客人数、顾客总人数，并在表格底部进行求和汇总。

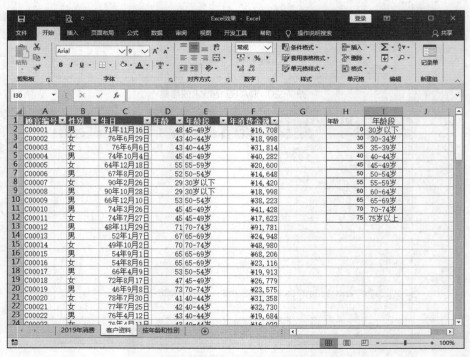

图 7-22 "客户资料"工作表效果图（部分）

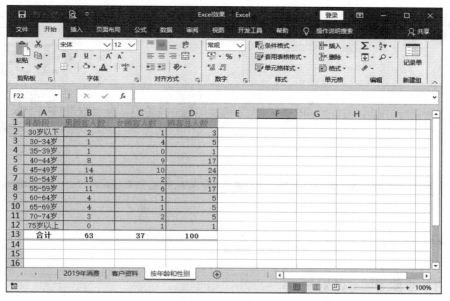

图 7-23　在"按年龄和性别"工作表统计顾客人数后的效果

CHAPTER 8

任务 8
制作销售图表

8.1　任务简介

8.1.1　任务要求与效果展示

李玲是佳美电器销售部的经理助理，现在要统计分析 2020 年空调销售的情况，需要在 2020 年每月空调销售数据的基础上制作一张统计图，要求图表在反映每月销售数据的同时，显示实际销售量与预计销售量的涨跌情况。效果如图 8-1 所示。

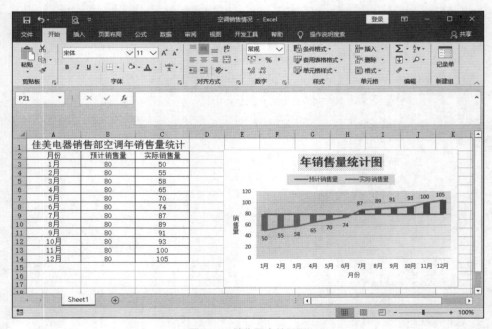

图 8-1　销售图表效果图

8.1.2　知识技能目标

本任务涉及的知识点主要有：图表的创建、图表元素的添加与格式设置、图表外观的美化、为图表设置涨 / 跌柱线。

知识技能目标如下。

● 掌握图表的创建。

● 掌握图表的格式设置。

8.2　任务实施

8.2.1　创建图表

在创建图表之前，需要制作或打开一个需要创建图表的数据表格，然后再选择合适的图表类型进行图表的创建。在本任务中，已有每个月的销售数据表，所以根据素材数据直接进行图表的创建即可。具体操作如下。

（1）打开素材中的工作簿文件"空调销售情况.xlsx"，切换到 Sheet1 工作表。

（2）选中单元格区域 A2：C14。

（3）切换到"插入"选项卡，单击"图表"功能组中的"插入折线图或面积图"下拉按钮，从下拉列表中选择"折线图"选项，如图 8-2 所示。

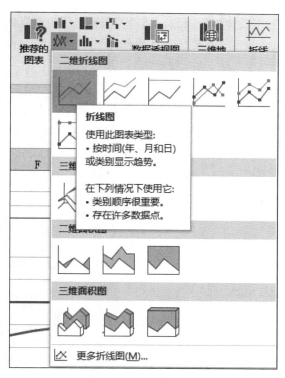

图 8-2　"折线图"选项

（4）工作表中即插入了一个折线图，如图 8-3 所示。

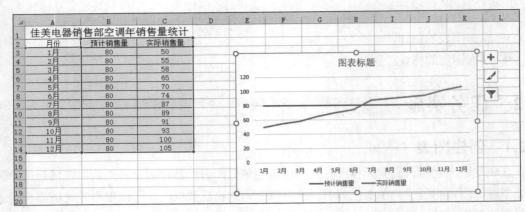

图 8-3　插入的折线图

8.2.2　图表元素的添加与格式设置

一个专业的图表是由多个不同的图表元素组合而成的。用户在实际操作中经常需要对图表的各元素进行格式设置。根据任务的效果图，我们逐一进行操作。

1．设置图表标题

图表标题是图表的一个重要组成部分，通过图表标题用户可以快速了解图表内容的作用，设置图表标题的具体操作如下。

（1）单击"图表标题"占位符，修改其文字为"年销售量统计图"。

（2）再次单击"图表标题"占位符，切换到"开始"选项卡，在"字体"功能组中设置图表标题文本的字体为"黑体"，字号为"18"，加粗。

（3）右键单击"图表标题"占位符，从弹出的快捷菜单中选择"设置图表标题格式"命令，如图 8-4 所示，打开"设置图表标题格式"窗格。

（4）在"填充"选项卡中选择"图案填充"单选按钮，在"图案"的列表框中选择"点线：20%"选项，如图 8-5 所示。

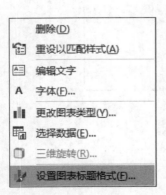

图 8-4　"设置图表标题格式"命令

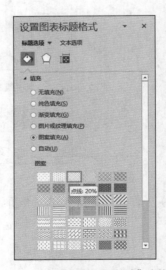

图 8-5　"设置图表标题格式"窗格

（5）单击"设置图表标题格式"窗格的"关闭"按钮，返回工作表中，完成图表标题的格式设置，如图 8-6 所示。

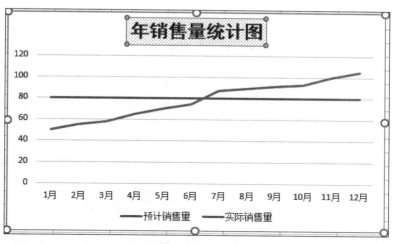

图 8-6　图表标题设置完成后的效果

2．设置图例

图例是图表的一个重要元素，它的存在保证了用户可以快速、准确地识别图表，用户不仅可以调整图例的位置，还可以对图例的格式进行修改。具体操作如下。

（1）选中图表，切换到"图表工具 | 设计"选项卡，单击"图表布局"功能组中的"添加图表元素"按钮，从下拉列表中选择"图例"级联菜单中的"顶部"命令，如图 8-7 所示。

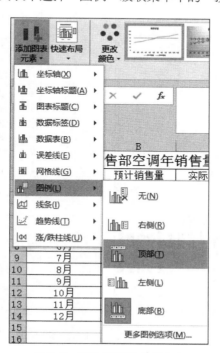

图 8-7　设置"图例"位置命令

（2）右键单击图例，从弹出的快捷菜单中选择"设置图例格式"命令，如图 8-8 所示，打开"设置图例格式"窗格。

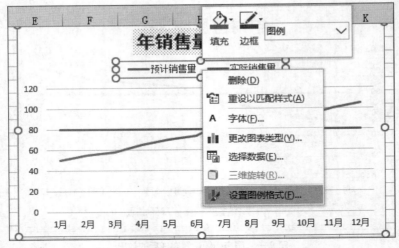

图 8-8 "设置图例格式"命令

（3）单击"填充与线条"图标，在"填充与线条"选项卡下单击"纯色填充"单选按钮，之后单击"颜色"右侧的下三角按钮，从下拉列表中选择"浅绿"选项，如图 8-9 所示。

（4）拖动"透明度"右侧的滑块，调整图例的填充颜色透明度为"75%"，如图 8-10 所示。

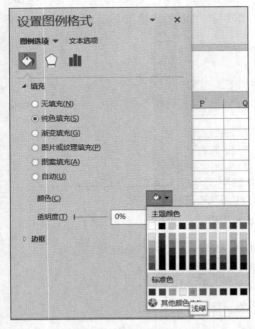

图 8-9 设置图例填充颜色

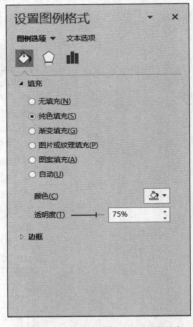

图 8-10 设置图例填充颜色透明度

（5）单击"设置图例格式"窗格的"关闭"按钮，完成图例的格式设置，如图 8-11 所示。

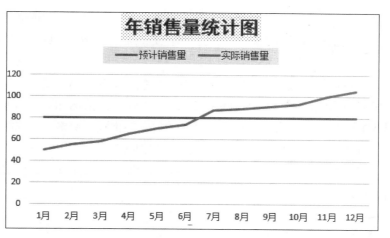

图 8-11　图例设置完成后的效果

3．添加数据标签

为了使用户快速识别图表中的数据系列，可以向图表的数据点处添加数据标签，使用户更加清楚地了解该数据系列的具体数值。由于默认情况下图表中的数据标签没有显示出来，需要用户手动将其添加到图表中。具体操作如下。

（1）选择图表中的"实际销售量"数据系列，切换到"图表工具 | 设计"选项卡，单击"图表布局"功能组中的"添加图表元素"按钮，从下拉列表中选择"数据标签"级联菜单中的"下方"命令，如图 8-12 所示，即可为选中的数据系列添加数据标签。

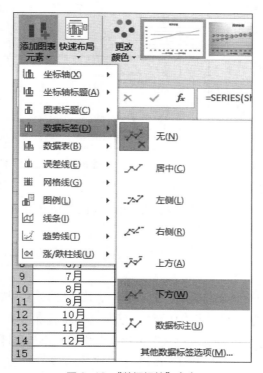

图 8-12　"数据标签"命令

（2）单击图表中的数据标签，选择所有数据标签。再单击"87"数据标签，此时只选中了一个数据标签，用鼠标拖动此数据标签到折线上方，然后用同样的方法将大于80的数据标签拖动到折线上方适当的位置。

（3）在拖动数据标签的过程中，随着数据标签与数据系列距离的增大，在数据标签与数据系列之间会出现引导线，为了去除这些引导线，可右键单击数据标签，从弹出的快捷菜单中选择"设置数据标签格式"命令，打开"设置数据标签格式"窗格，在"标签选项"下方的列表中取消选中"显示引导线"复选框，如图8-13所示。

（4）单击"设置数据标签格式"窗格的"关闭"按钮，返回工作表，完成数据标签格式的设置，如图8-14所示。

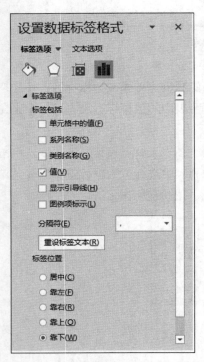

图8-13　"设置数据标签格式"窗格　　　　图8-14　添加数据标签后的效果

4．添加坐标轴标题

为了帮助用户更轻松地查看图表的数据内容，可以在创建图表时为坐标轴添加标题。具体操作如下。

（1）选中图表，单击右侧的"图表元素"按钮，从展开的列表中勾选"坐标轴标题"复选框，如图8-15所示。

（2）修改图表左侧纵坐标轴标题为"销售量"，修改图表下方横坐标轴标题为"月份"。

（3）右键单击图表左侧纵坐标轴标题，在弹出的快捷菜单中选择"设置坐标轴标题格式"命令，打开"设置坐标轴标题格式"窗格，单击"大小与属性"图标，在"对齐方式"选项的列表中单击"文字方向"右侧的下拉按钮，从下拉列表中选择"竖排"选项，如图8-16所示。

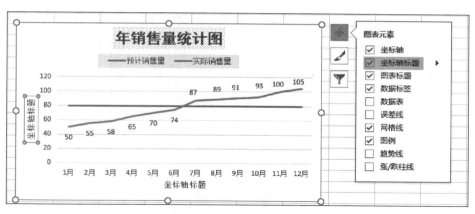

图 8-15　添加坐标轴标题

（4）单击"设置坐标轴标题格式"窗格的"关闭"按钮，返回工作表，可看到在图表中添加了坐标轴标题后的效果，如图 8-17 所示。

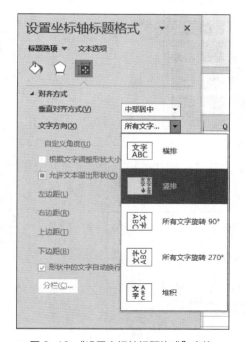

图 8-16　"设置坐标轴标题格式"窗格

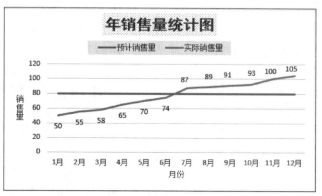

图 8-17　添加坐标轴标题后的效果

8.2.3　图表的美化

为了让图表看起来更加的美观，可以通过设置图表绘图区的格式，给图表添加背景颜色。具体操作如下。

（1）右键单击图表的绘图区，从弹出的快捷菜单中选择"设置绘图区格式"命令，打开"设置绘图区格式"窗格。

（2）在"填充"选项卡中单击"渐变填充"单选按钮，单击"预设渐变"后的下拉按钮，从下拉列表中选择"浅色渐变 – 个性化 4"选项，

微课视频

图表的美化

如图 8-18 所示。保持"类型"的默认选项"线性"不变,调整"角度"的值为"240°"。

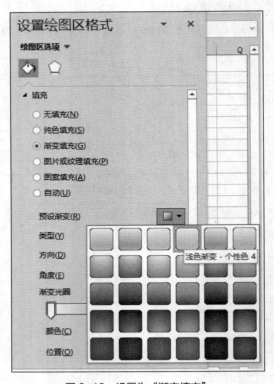

图 8-18 设置为"渐变填充"

（3）设置完成后单击"设置绘图区格式"窗格右上角的"关闭"按钮,返回工作表,完成图表绘图区的格式设置,如图 8-19 所示。

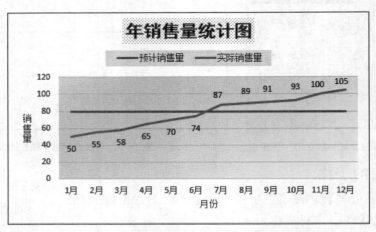

图 8-19 设置绘图区填充颜色后的效果

8.2.4 设置涨跌柱线

可以为在 Excel 中制作的多个系列的折线图添加涨跌柱线,涨柱线和跌柱线可以设置为不同的颜色,通过涨跌柱线可以直观地看到数据的涨跌。具体操作如下。

Office 2016 办公软件高级应用任务式教程（微课版）

（1）选中图表，单击右侧的"图表元素"按钮，从展开的列表中勾选"涨 / 跌柱线"复选框，如图 8-20 所示。此时在图表中即显示涨跌柱线。

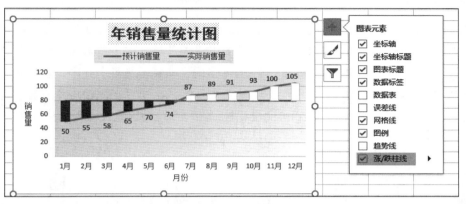

图 8-20　添加涨 / 跌柱线

（2）选中"跌柱线 1"，切换到"图表工具 | 格式"选项卡，单击"形状填充"下拉按钮，从下拉列表中选择"标准色"中的"绿色"选项，如图 8-21 所示。单击"形状轮廓"下拉按钮，从下拉列表中选择"无轮廓"选项，如图 8-22 所示。

（3）用同样的方法，设置"涨柱线 1"的"形状填充"为"标准色"中的"红色"，"形状轮廓"为"无轮廓"。

（4）调整图表的位置，保存工作簿文件，任务完成。

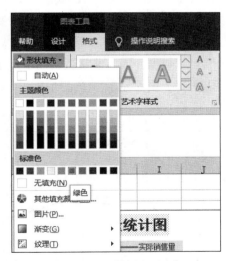

图 8-21　设置"形状填充"

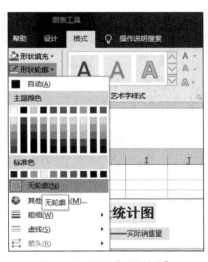

图 8-22　设置"形状轮廓"

8.3　任务小结

本任务通过制作销售图表讲解了 Excel 中图表的创建、图表的格式设置等操作。在实际操作中大家还需要注意以下问题。

（1）Excel 中的图表类型包含 14 种标准类型和多种组合类型，制作图表时要选择适当的图表类型。下面介绍几种常用的图表类型。

① 柱形图。

柱形图是最常用的图表类型之一，主要用于表现数据之间的差异。在 Excel 2016 中，柱形图包括"簇状柱形图""堆积柱形图""百分比堆积柱形图""三维簇状柱形图""三维堆积柱形图""三维百分比堆积柱形图""三维柱形图"7 种子类型。其中，簇状柱形图（见图 8-23）可比较多个类别的值，堆积柱形图（见图 8-24）可用于比较每个值对所有类别的总贡献，百分比堆积柱形图和三维百分比堆积柱形图可以跨类别比较每个值占总体的百分比。

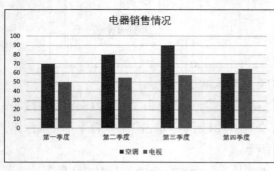

图 8-23　簇状柱形图　　　　　　　　　　　图 8-24　堆积柱形图

② 折线图。

折线图是最常用的图表类型之一，主要用于表现数据变化的趋势。在 Excel 2016 中，折线图的子类型也有 7 种，包括"折线图""堆积折线图""百分比堆积折线图""带数据标记的折线图""带标记的堆积折线图""带数据标记的百分比堆积折线图""三维折线图"。其中折线图（见图 8-25）可以显示随时间而变化的连续数据，因此非常适合用于显示在相等时间间隔下的数据变化趋势。堆积折线图（见图 8-26）用于显示每个值所占大小随时间变化的趋势。

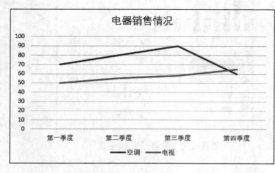
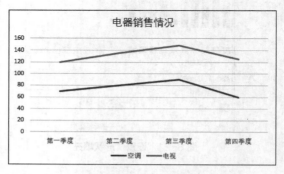

图 8-25　折线图　　　　　　　　　　　　图 8-26　堆积折线图

③ 条形图。

将柱形图旋转 90°则为条形图。条形图显示了各个项目之间的比较情况，当图表的轴标签过长或显示的数值是持续型时，一般使用条形图。在 Excel 2016 中，条形图的子类型有 6 种，包括"簇状条形图""堆积条形图""百分比堆积条形图""三维簇状条形图""三维堆积条形图""三维百分比堆积条形图"。其中簇状条形图（见图8-27）可用于比较多个类别的值，堆积条形图（见图8-28）可用于显示单个项目与总体的关系。

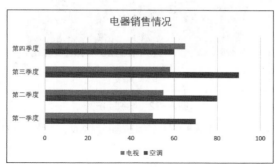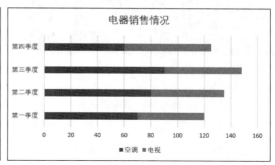

图8-27　簇状条形图　　　　　　　　　　　图8-28　堆积条形图

④饼图。

饼图是最常用的图表类型之一，主要用于强调总体与个体之间的关系，通常只用一个数据系列作为数据源，饼图将一个圆划分为若干个扇形，每一个扇形代表数据系列中的一项数据值，其大小用于表示相应数据项占该数据系列总和的比值。在Excel 2016中，饼图的子类型有5种，包括"饼图"（见图8-29）"三维饼图""子母饼图""复合条饼图""圆环图"。其中圆环图（见图8-30）可以含有多个数据系列，每一个圆环图中的环都代表一个数据系列。

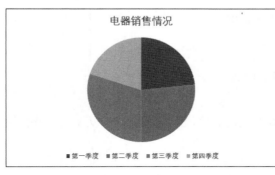

图8-29　饼图　　　　　　　　　　　　　　图8-30　圆环图

⑤面积图。

面积图用于显示不同数据系列之间的对比关系，显示各数据系列与整体的比例关系，强调数量随时间而变化的程度，能直观地表现出整体和部分的关系。在Excel 2016中，面积图的子类型有6种，包括"面积图""堆积面积图""百分比堆积面积图""三维面积图""三维堆积面积图""三维百分比堆积面积图"。其中，面积图（见图8-31）用于显示各种数值随时间或类别变化的趋势线。堆积面积图（见图8-32）用于显示每个数值所占大小随时间或类别变化的趋势线。可强调某个类别交于系列轴上的数值的趋势线。但是需要注意，在使用堆积面积图时，一个系列中的数据可能会被另一个系列中的数据遮住。

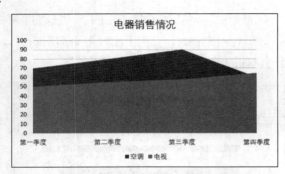

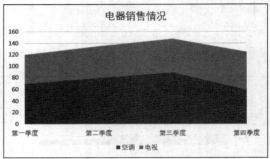

图 8-31　面积图　　　　　　　　　　　　　图 8-32　堆积面积图

（2）Excel 图表由绘图区、标题、图例、数据系列、坐标轴等基本组成部分构成，如图 8-33 所示。下面介绍图表的基本组成部分。

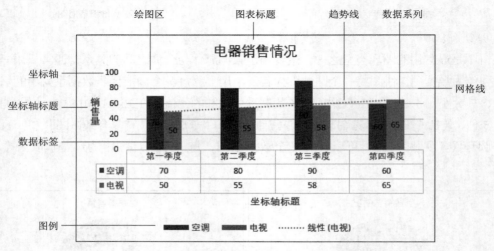

图 8-33　图表的构成

① 绘图区。

绘图区是指图表内的图形表示区域。选中绘图区时，将显示绘图区边框以及用于调整绘图区大小的 8 个控制点。

② 标题。

标题包括图表标题和坐标轴标题。图表标题一般显示在绘图区上方，坐标轴标题显示在坐标轴外侧。

③ 数据系列。

数据系列是由数据点构成的，每个数据点对应于工作表中某个单元格内的数据，数据系列对应工作表中的一行或一列的数据。数据系列在绘图区中表现为彩色的点、线、面等图形。

④ 图例。

图例由图例项和图例项标识组成，包含图例的无边框矩形区域默认显示在绘图区右侧。

⑤ 坐标轴。

坐标轴按位置不同分为主坐标轴和次坐标轴。Excel 默认显示的是绘图区左边的主纵坐标轴和下边的主横坐标轴。

对于图表的各部分元素的格式设置，均可通过右键快捷菜单中的设置格式命令实现。

8.4　经验技巧

8.4.1　快速调整图表布局

图表布局是指图表中显示的图表元素及其位置、格式等的组合。Excel 2016 提供了 12 种内置图表样式，用于快速调整图表布局。以本任务为例，快速调整图表布局的操作如下。

选中图表，切换到"图表工具 | 设计"选项卡，单击"图表布局"功能组中的"快速布局"下拉按钮，从下拉列表中选择"布局 5"选项，如图 8-34 所示，即可将此图表布局应用到选中的图表上，如图 8-35 所示。

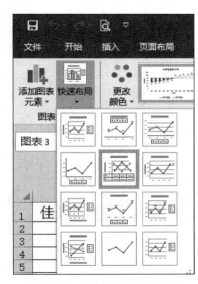

图 8-34　"快速布局"下拉列表

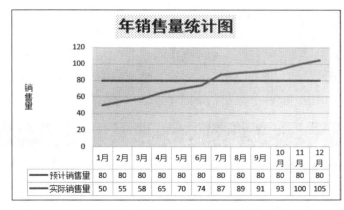

图 8-35　应用"快速布局"后的图表

8.4.2　图表打印技巧

图表设置完成后，可按照用户需要进行打印。为了避免图表打印在两张纸上，打印之前应先预览一下打印效果，然后进行适当调整，这样可避免不必要的纸张浪费。

图表的打印有以下的几种情况。

（1）仅打印图表。

当用户只需要打印图表时，可选中图表，单击"文件"按钮，选择"打印"命令，根据图表的预览效果，调整纸张方向为"横向"，在 Excel 窗口的右侧会显示打印预览的效果，如图 8-36 所示。调整完成后，单击"打印"按钮，即可打印图表。

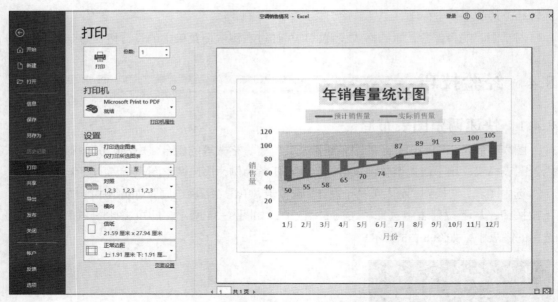

图 8-36　图表打印预览效果

（2）打印数据与图表。

　　需要打印数据源与图表时，可选中工作表中的任意单元格，切换到"视图"选项卡，单击"工作簿视图"功能组中的"页面布局"按钮，显示工作表的页面布局视图，如图 8-37 所示。如数据与图表不在一页，在此视图下，可调整页边距，使打印的内容在同一页中，最后单击"文件"按钮，选择"打印"命令即可打印数据与图表。

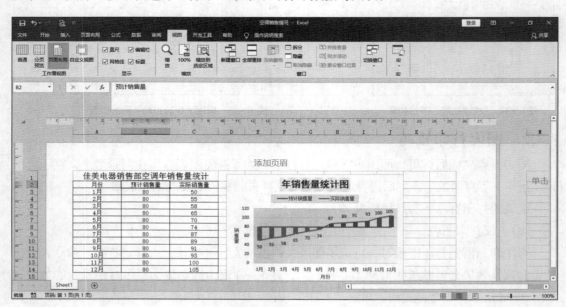

图 8-37　"页面布局"视图

（3）不打印图表。

　　当用户只想打印表格数据，不打印图表时，可通过以下操作实现。

右键单击图表，从弹出的快捷菜单中选择"设置图表区域格式"命令，打开"设置图表区格式"窗格，单击"大小与属性"按钮，在"属性"栏中取消选中"打印对象"复选框，如图8-38所示。单击"关闭"按钮，返回工作表，完成设置。此时，选中工作表任意单元格，单击"文件"按钮，选择"打印"命令，在打印预览中只能看到表格数据。

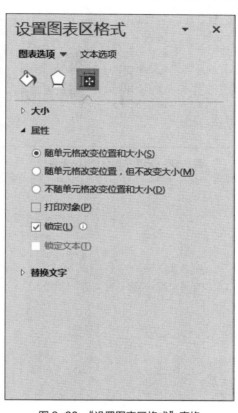

图 8-38 "设置图表区格式"窗格

8.5 拓展训练

王芳负责新城地产公司的房屋销售统计工作，需要根据上半年的预计销售量和实际销售量的数据，制作一张统计图表，为下半年的销售做准备，效果如图8-39所示。要求打开素材中的"房屋销售量统计情况.xlsx"，完成以下操作。

（1）根据销售数据，制作"组合图"图表，实际销售量为"簇状柱形图"，预计销售量为"带数据标记的折线图"。

（2）为图表添加图8-39所示的图表标题、坐标轴标题，调整图例位置。

（3）调整"实际销售量"数据系列的颜色为"绿色"，"预计销售量"数据系列的颜色为"橙色"，为数据系列添加数据标签。

（4）设置绘图区填充颜色为"对角线：浅色下对角"。

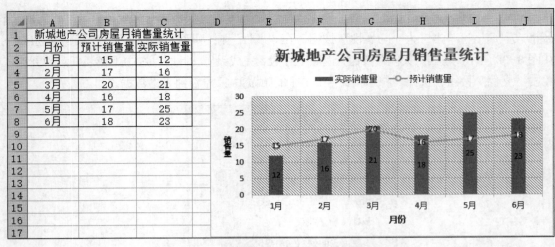

	A	B	C
1	新城地产公司房屋月销售量统计		
2	月份	预计销售量	实际销售量
3	1月	15	12
4	2月	17	16
5	3月	20	21
6	4月	16	18
7	5月	17	25
8	6月	18	23

图 8-39　房屋销售统计图表效果图

CHAPTER 9

任务 9
员工出勤情况分析

9.1 任务简介

9.1.1 任务要求与效果展示

王红是东方公司人力资源部经理，现在要根据公司1—3月份的考勤表统计第一季度员工的出勤情况，具体要求如下。

（1）汇总第一季度员工出勤情况。

（2）对汇总后的数据进行排序，以查看各部门员工的出勤情况。

（3）筛选出秘书处迟到次数为10次及以上的人员并上报总经理，筛选出缺席天数为5天及以上或早退次数为5次及以上的硕士学历的人员信息并上报人力资源部。

（4）汇总出第一季度各部门中不同学历人员的出勤情况。效果如图9-1所示。

	A	B	C	D	E	F	G	H	I	J
1			第一季度考勤汇总表							
2	工号	员工姓名	学历	所属部门	迟到次数	缺席天数	早退次数			
3	0003	杨林	硕士	财务部	5	8	1			
4			硕士 汇总		5	8	1			
5				财务部 汇总	5	8	1			
6	0020	王耀华	本科	秘书处	0	1	2			
7	0027	吉晓庆	本科	秘书处	11	1	0			
8			本科 汇总		11	2	2			
9	0031	张昭	博士	秘书处	10	4	4			
10			博士 汇总		10	4	4			
11	0014	王林	大专	秘书处	14	0	2			
12			大专 汇总		14	0	2			
13	0002	郭文	硕士	秘书处	17	1	3			
14	0029	王琪	硕士	秘书处	1	5	1			
15			硕士 汇总		18	6	4			
16				秘书处 汇总	53	12	12			
17	0004	雷庭	本科	企划部	6	0	3			
18	0013	田格艳	本科	企划部	11	5	11			
19	0019	陈力	本科	企划部	1	3	6			
20	0024	徐琴	本科	企划部	6	2	4			
21	0030	曾文洪	本科	企划部	2	0	7			
22			本科 汇总		26	10	31			
23	0010	张琪	大专	企划部	16	5	3			
24	0025	孟永科	大专	企划部	12	1	13			
25			大专 汇总		28	6	16			
26	0009	杨楠	硕士	企划部	7	1	5			

... 第一季度考勤排序 | 第一季度考勤（上报总经理） | 第一季度考勤（上报人力资源部） | 第一季度考勤（分类汇总）

图9-1 员工出勤情况分析

9.1.2 知识技能目标

本任务涉及的知识点主要有：数据的合并计算、数据排序、数据的自动筛选、数据的高级筛选、数据分类汇总。

知识技能目标如下。

- 掌握在 Excel 中对多个表格数据进行合并计算的方法。
- 掌握数据的多条件排序。
- 掌握数据的自动筛选与高级筛选。
- 掌握数据的分类汇总。

9.2 任务实施

9.2.1 合并计算

微课视频

合并计算

合并计算是 Excel 中内置的进行多区域汇总的工具。合并计算可以对几个工作表中相同类型的数据进行汇总，并可以在指定的位置显示计算结果。在本任务中，需要对 1—3 月份出勤考核表中的数据进行合并计算，具体操作如下。

（1）打开素材中的工作簿文件"员工出勤情况表 .xlsx"，单击"3 月份出勤考核表"右侧的"新工作表"按钮，创建一个名为"Sheet1"的新工作表。

（2）将"Sheet1"工作表重命名为"第一季度考勤汇总表"，在单元格 A1 中输入表格标题"第一季度考勤汇总表"，设置文本字体为"等线"，字号为"14"。

（3）在"第一季度考勤汇总表"的单元格区域 A2：G2 中依次输入表格的列标题"工号""员工姓名""学历""所属部门""迟到次数""缺席天数""早退次数"。将"1 月份出勤考核表"中的"工号""员工姓名""学历""所属部门" 4 列数据复制过来，对表格单元格进行合并居中、添加边框、设置对齐方式操作，如图 9-2 所示。

工号	员工姓名	学历	所属部门	迟到次数	缺席天数	早退次数
0001	王洁	硕士	研发部			
0002	郭文	硕士	秘书处			
0003	杨林	硕士	财务部			
0004	雷庭	本科	企划部			
0005	刘伟	硕士	销售部			
0006	何晓玉	大专	销售部			
0007	杨彬	大专	研发部			
0008	黄玲	本科	企划部			
0009	杨楠	硕士	企划部			
0010	张琪	大专	研发部			
0011	陈强	本科	销售部			
0012	王兰	硕士	研发部			
0013	田格艳	本科	企划部			
0014	王林	大专	秘书处			
0015	龙丹丹	本科	销售部			
0016	杨燕	硕士	销售部			
0017	陈蔚	本科	销售部			
0018	邱鸣	本科	企划部			
0019	陈力	本科	企划部			
0020	王耀华	本科	秘书处			
0021	苏宇拓	硕士	企划部			
0022	田东	硕士	企划部			
0023	杜鹏	本科	研发部			
0024	徐琴	本科	企划部			

1月份出勤考核表　2月份出勤考核表　3月份出勤考核表　第一季度考勤汇总表

图 9-2　新建"第一季度考勤汇总表"

（4）选择"第一季度考勤汇总表"的单元格 E3，切换到"数据"选项卡，单击"数据工具"功能组中的"合并计算"按钮，如图 9-3 所示，打开"合并计算"对话框。

图 9-3　"合并计算"按钮

（5）保持"函数"为"求和"不变，将光标定位到"引用位置"下方的文本框中，单击"1月份出勤考核表"工作表标签，并选择单元格区域 F3：H34，返回"合并计算"对话框，单击"添加"按钮，在"所有引用位置"下方的列表框中将显示所选的单元格区域。

（6）用同样的方法将"2 月份出勤考核表"的单元格区域 F3：H34 和"3 月份出勤考核表"的单元格区域 F3：H34 添加到"所有引用位置"的列表框中，如图 9-4 所示。设置完成后，单击"确定"按钮，可在"第一季度考勤汇总表"中看到合并计算的结果，如图 9-5 所示。

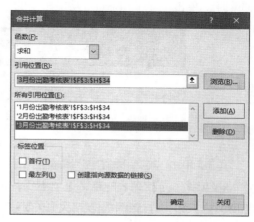

图 9-4　"合并计算"对话框

第一季度考勤汇总表

工号	员工姓名	学历	所属部门	迟到次数	缺席天数	早退次数
0001	王洁	硕士	研发部	0	0	0
0002	郭文	硕士	秘书处	17	1	3
0003	杨林	硕士	财务部	5	8	1
0004	雷庭	本科	企划部	6	0	3
0005	刘伟	硕士	销售部	15	4	2
0006	何晓玉	大专	销售部	1	1	7
0007	杨彬	大专	研发部	9	0	20
0008	黄玲	本科	销售部	2	5	7
0009	杨楠	硕士	企划部	7	1	5
0010	张琪	大专	企划部	16	5	3
0011	陈强	本科	销售部	12	0	9
0012	王兰	硕士	研发部	2	0	6
0013	田格艳	本科	企划部	11	5	11
0014	王林	大专	秘书处	14	0	2
0015	龙丹丹	本科	销售部	0	12	0
0016	杨燕	硕士	销售部	6	0	5
0017	陈蔚	本科	销售部	16	2	9
0018	邱鸣	本科	研发部	15	1	10
0019	陈力	本科	企划部	1	3	6

图 9-5　合并计算后的效果（部分）

9.2.2　数据排序

为了方便查看和对比表格中的数据，用户可以对数据进行排序。排序是按照某个字段或某几个字段的次序对数据进行重新排列，让数据顺序具有某种规律。数据排序主要包括简单排序、复杂排序和自定义排序3种。

微课视频
数据排序与筛选

在本任务中要查看第一季度各部门的考勤情况，我们可以对表格数据按部门进行升序排序，在部门相同的情况下分别按缺席天数、迟到次数、早退次数进行降序排序。此时需要使用Excel中的复杂排序，具体操作如下。

（1）复制"第一季度考勤汇总表"，并将其副本表格重命名为"第一季度考勤排序"。

（2）将光标定位于"第一季度考勤排序"工作表数据区域的任意单元格中，切换到"数据"选项卡，单击"排序和筛选"功能组中的"排序"按钮，如图9-6所示，打开"排序"对话框。

图9-6 "排序"按钮

（3）单击"主要关键字"右侧的下拉按钮，从下拉列表中选择"所属部门"选项，保持"排序依据"下拉列表的默认选项不变，在"次序"下拉列表中选择"升序"，之后单击"添加条件"按钮，对话框中出现"次要关键字"条件行，设置"次要关键字"为"缺席天数"，"次序"为"降序"，用同样的方法再添加两个"次要关键字"并进行图9-7所示的设置。

图9-7 "排序"对话框

（4）单击"确定"按钮，完成表格数据的多条件排序。

9.2.3 数据筛选

为了在表格中找出某些符合一定条件的数据，可以使用Excel中的数据筛选功能。在用户设定筛选条件后，系统会迅速找出符合所设条件的数据，并自动隐藏不满足筛选条件的数据。Excel中的数据筛选功能有自动筛选和高级筛选两种。

自动筛选一般用于简单的条件筛选，高级筛选一般用于条件比较复杂的条件筛选。高级筛选之前必须先设定筛选的条件区域。当筛选条件同行排列时，筛选出来的数据必须同时满足所有筛选条件，称为"且"高级筛选；当筛选条件位于不同行时，筛选出来的数据只需满足其中一个筛选条件即可，称为"或"高级筛选。

本任务要求筛选出秘书处迟到次数为 10 次及以上的人员并上报总经理，可利用自动筛选功能实现，具体操作如下。

（1）复制"第一季度考勤汇总表"，并将其副本表格重命名为"第一季度考勤（上报总经理）"。

（2）将光标定位于"第一季度考勤（上报总经理）"工作表数据区域的任意单元格中，切换到"数据"选项卡，单击"排序和筛选"功能组中的"筛选"按钮，如图 9-8 所示。

图 9-8 "筛选"按钮

（3）此时工作表进入筛选状态，各标题字段的右侧均出现下三角按钮。

（4）单击"所属部门"右侧的下三角按钮，在展开的下拉列表中取消勾选"财务部""企划部""销售部""研发部"复选框，只勾选"秘书处"复选框，如图 9-9 所示。

図 9-9 设置筛选"所属部门"条件

（5）单击"确定"按钮，表格中即筛选出了"秘书处"员工的出勤情况。

（6）单击"迟到次数"右侧的下三角按钮，在展开的下拉列表中选择"数据筛选"级联菜单中的"大于或等于"命令，如图 9-10 所示，打开"自定义自动筛选方式"对话框。

（7）设置"大于或等于"的值为"10"，如图9-11所示。

（8）单击"确定"按钮返回工作表，表格即显示了秘书处"迟到次数"为10次及以上的员工的信息，如图9-12所示。

图9-10　设置筛选"迟到次数"条件

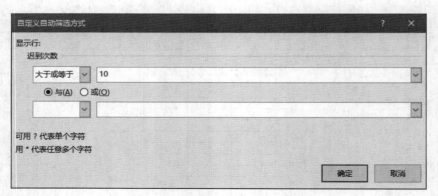

图9-11　"自定义自动筛选方式"对话框

	A	B	C	D	E	F	G
1			第一季度考勤汇总表				
2	工号	员工姓名	学历	所属部门	迟到次数	缺席天数	早退次数
4	0002	郭文	硕士	秘书处	17	1	3
16	0014	王林	大专	秘书处	14	0	2
29	0027	吉晓庆	本科	秘书处	11	1	0
33	0031	张昭	博士	秘书处	10	4	4

图9-12　自动筛选效果

本任务要求筛选缺席天数为5天及以上或早退次数为5次及以上的硕士学历的人员信息并上报人力资源部，可利用高级筛选功能实现。具体操作如下。

（1）复制"第一季度考勤汇总表"，并将其副本表格重命名为"第一季度考勤（上报人力资源部）"。

（2）在单元格区域 I2：K2 中依次输入"学历""缺席天数""早退次数"。

（3）选择 I3 单元格，并输入"硕士"，选择 J3 单元格，并输入">=5"，选择 I4 单元格，并输入"硕士"，选择 K4 单元格，并输入">=5"，如图 9-13 所示。

（4）将光标定位于"第一季度考勤（上报人力资源部）"工作表数据区域的任意单元格中，切换到"数据"选项卡，在"排序和筛选"功能组中单击"高级"按钮，打开"高级筛选"对话框。

（5）保持"方式"栏中"在原有区域显示筛选结果"单选按钮的被选中状态，保持系统自动设置的"列表区域"A2：G34 不变，单击"条件区域"后的文本框，之后选择所设置的筛选条件区域 I2：K4，如图 9-14 所示。单击"确定"按钮，返回工作表，可看到工作表的数据区域显示出了符合筛选条件的员工出勤信息，如图 9-15 所示。

I	J	K
学历	缺席天数	早退次数
硕士	>=5	
硕士		>=5

图 9-13 设置筛选条件

图 9-14 "高级筛选"对话框

高级筛选

方式
⦿ 在原有区域显示筛选结果(F)
○ 将筛选结果复制到其他位置(O)

列表区域(L): $A$2:$G$34
条件区域(C): $I$2:$K$4
复制到(T):

☐ 选择不重复的记录(R)

确定　　取消

	A	B	C	D	E	F	G
2	工号	员工姓名	学历	所属部门	迟到次数	缺席天数	早退次数
5	0003	杨林	硕士	财务部	5	8	1
11	0009	杨楠	硕士	企划部	7	1	5
14	0012	王兰	硕士	研发部	2	0	6
18	0016	杨燕	硕士	销售部	6	0	5
28	0026	巩月明	硕士	企划部	14	8	3
31	0029	王琪	硕士	秘书处	1	5	1

图 9-15 高级筛选结果

9.2.4 数据分类汇总

分类汇总是对 Excel 表格中的数据进行管理的工具之一，它可以快速地汇总各项数据，通过分级显示和分类汇总，可以从大量数据信息中提取有用的信息。分类汇总允许展开或收缩工作表，还可以汇总整个工作表或其中选定的一部分。分类汇总之前需要对数据进行

微课视频

数据分类汇总

排序。

本任务要求汇总出第一季度各部门中不同学历人员的出勤情况，可利用分类汇总嵌套实现，具体操作如下。

（1）复制"第一季度考勤汇总表"，并将其副本表格重命名为"第一季度考勤（分类汇总）"。

（2）将光标定位于"第一季度考勤（分类汇总）"工作表数据区域的任意单元格中，切换到"数据"选项卡，单击"排序和筛选"功能组中的"排序"按钮，打开"排序"对话框，设置排序的"主要关键字"为"所属部门"，"次要关键字"为"学历"，"次序"均为"升序"，如图9-16所示。单击"确定"按钮，完成表格中数据的排序。

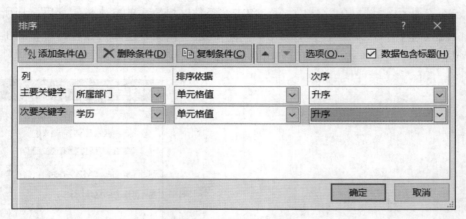

图9-16 "排序"对话框

（3）在"数据"选项卡中单击"分级显示"功能组中的"分类汇总"按钮，如图9-17所示，打开"分类汇总"对话框。

图9-17 "分类汇总"按钮

（4）设置对话框中的"分类字段"为"所属部门"，"汇总方式"为"求和"，在"选定汇总项"的列表框中勾选"迟到次数""缺席天数""早退次数"复选框，保持"替换当前分类汇总"和"汇总结果显示在数据下方"复选框的被选中状态，如图9-18所示。单击"确定"按钮，完成数据按"所属部门"分类汇总操作，如图9-19所示。

（5）再次打开"分类汇总"对话框，在对话框中设置"分类字段"为"学历"，"汇总方式"为"求和"，"选定汇总项"为"迟到次数""缺席天数""早退次数"，取消勾选"替换当前分类汇总"复选框，如图9-20所示。单击"确定"按钮，完成分类汇总的嵌套，效果如图9-1所示。

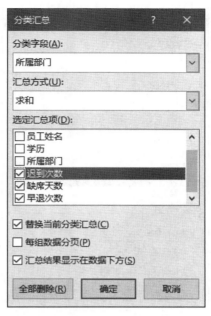

图 9-18　"分类汇总"对话框

1 2 3		A	B	C	D	E	F	G	H	I	J
	1				第一季度考勤汇总表						
	2	工号	员工姓名	学历	所属部门	迟到次数	缺席天数	早退次数			
	3	0003	杨林	硕士	财务部	5	8	1			
	4				财务部 汇总	5	8	1			
	5	0020	王耀华	本科	秘书处	0	1	2			
	6	0027	吉晓庆	本科	秘书处	11	1	0			
	7	0031	张昭	博士	秘书处	10	4	4			
	8	0014	王林	大专	秘书处	14	0	2			
	9	0002	郭文	硕士	秘书处	17	1	3			
	10	0029	王琪	硕士	秘书处	1	5	1			
	11				秘书处 汇总	53	12	12			
	12	0004	雷庭	本科	企划部	6	0	3			
	13	0013	田格艳	本科	企划部	11	5	11			
	14	0019	陈力	本科	企划部	1	3	6			
	15	0024	徐琴	本科	企划部	6	2	4			
	16	0030	曾文洪	本科	企划部	2	0	7			
	17	0010	张琪	大专	企划部	16	5	3			
	18	0025	孟永科	大专	企划部	12	1	13			
	19	0009	杨楠	硕士	企划部	7	1	5			
	20	0021	苏宇拓	硕士	企划部	18	0	0			
	21	0022	田东	硕士	企划部	12	0	0			

… | 第一季度考勤排序 | 第一季度考勤（上报总经理） | 第一季度考勤（上报人力资源部） | 第一季度考勤（分类汇总）

图 9-19　分类汇总效果

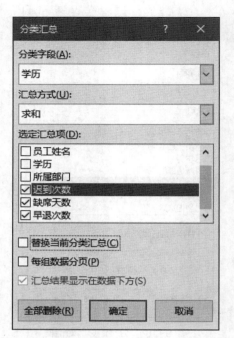

图 9-20　"分类汇总"对话框

（6）单击"保存"按钮，保存工作簿文件，任务完成。

9.3　任务小结

本任务通过分析员工出勤情况讲解了 Excel 中的合并计算，Excel 数据分析中的排序、自动筛选、高级筛选和分类汇总等内容。在实际操作中大家还需要注意以下问题。

（1）Excel 的排序功能很强，在"排序"对话框中隐藏着多个用户不熟悉的选项。

① 排序依据。

排序依据除了默认的按"单元格值"排序以外，还有按"单元格颜色""字体颜色""条件格式图标"进行排序，如图 9-21 所示。

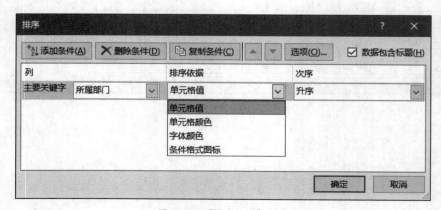

图 9-21　"排序依据"列表

② 排序选项。

在"排序"对话框中做相应的设置，可完成一些非常规的排序操作，如"按行排序""按笔画排序"等，单击"排序"对话框中的"选项"按钮，可打开"排序选项"对话框，如图 9-22 所示。更改对话框的设置，即可进行相应的操作。

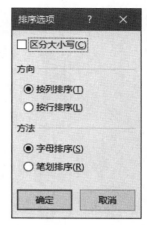

（2）筛选时要注意自动筛选与高级筛选的区别，根据实际要求选择适当的筛选形式进行数据分析。

● 自动筛选不用设置筛选的条件区域，高级筛选必须先设定条件区域。

● 自动筛选可实现的筛选效果用高级筛选也可以实现，反之则不一定能实现。

图 9-22 "排序选项"对话框

● 对于多条件的自动筛选，各条件之间是"与"的关系。对于多条件的高级筛选，当筛选条件在同一行时，表示条件之间是"与"的关系；当筛选条件不在同一行时，表示条件之间是"或"的关系。

（3）需要删除已设置的分类汇总结果时，可打开"分类汇总"对话框，单击"全部删除"按钮可删除已建立的分类汇总。需要注意的是，删除分类汇总的操作是不可逆的，不能通过"撤销"命令恢复。

9.4 经验技巧

9.4.1 对分类汇总后的汇总值进行排序

在实际操作中，经常会遇到要对分类汇总以后的汇总值进行排序的情况，如果直接进行排序会出现图 9-23 所示的错误提示对话框。要避免此对话框的出现，以本任务为例，要对各部门的汇总后的数据按"迟到次数"从高到低进行排序，可进行如下的操作。

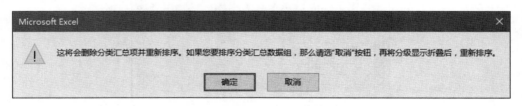

图 9-23 错误提示对话框

（1）在已完成分类汇总操作的"第一季度考勤（分类汇总）"表中单击二级显示按钮，以只显示考勤汇总情况，如图 9-24 所示。

（2）选择单元格 E3，切换到"数据"选项卡，单击"排序和筛选"功能组中的"降序"按钮，即可实现汇总数据的排序，如图 9-25 所示。

工号	员工姓名	学历	所属部门	迟到次数	缺席天数	早退次数
			财务部 汇总	5	8	1
			秘书处 汇总	53	12	12
			企划部 汇总	105	25	55
			销售部 汇总	59	27	42
			研发部 汇总	42	5	49
			总计	264	77	159

图 9-24　显示考勤汇总情况

工号	员工姓名	学历	所属部门	迟到次数	缺席天数	早退次数
			企划部 汇总	105	25	55
			销售部 汇总	59	27	42
			秘书处 汇总	53	12	12
			研发部 汇总	42	5	49
			财务部 汇总	5	8	1
			总计	264	77	159

图 9-25　按汇总值排序后的效果

9.4.2　使用通配符模糊筛选

通配符是一类键盘字符。通配符筛选是指使用通配符和文字组合的形式设置筛选条件，进行模糊筛选。通配符主要有星号（*）和问号（？）。"*"代表任意的一个或多个字符，"？"代表任意的单个字符。

在本任务中，如果要筛选所有姓"王"的员工出勤情况，可进行如下操作。

（1）切换到"第一季度考勤汇总表"，选择数据区域的任意单元格，切换到"数据"选项卡，单击"筛选"按钮，进入自动筛选状态。

（2）单击"员工姓名"右侧的下三角按钮，在"文本筛选"下方的文本框中输入"王*"，如图 9-26 所示。

图 9-26　设置筛选条件

（3）单击"确定"按钮，工作表中只显示出了"王"姓员工的考勤情况信息，如图9-27所示。

	A	B	C	D	E	F	G
1	第一季度考勤汇总表						
2	工号	员工姓名	学历	所属部门	迟到次数	缺席天数	早退次数
3	0001	王浩	硕士	研发部	0	0	0
14	0012	王兰	硕士	研发部	2	0	6
16	0014	王林	大专	秘书处	14	0	0
22	0020	王耀华	本科	秘书处	0	1	2
31	0029	王琪	硕士	秘书处	1	5	1

图9-27 模糊筛选后的结果

9.5 拓展训练

某公司销售部门主管大华拟对该公司产品前两季度的销售情况进行数据分析，打开素材文件夹中的工作簿文件"一二季度销售统计表 .xlsx"，请按下述要求帮助大华完成统计工作。

（1）复制"产品销售汇总表"，并将复制后的表格重命名为"产品销售汇总（排序）"，在新表格中按"产品类别代码""产品型号"升序排序，按"一二季度销售总额"降序排序。

（2）复制"产品销售汇总表"，并将复制后的表格重命名为"产品销售汇总（自动筛选）"，在新表格中筛选出"一季度销量"前10项中，"一二季度销售总额"在"1 000 000"元以上的产品信息。

（3）复制"产品销售汇总表"，并将复制后的表格重命名为"产品销售汇总（高级筛选）"，在新表格中筛选出"一二季度销售总额"在"1 000 000"元以上或"总销售额排名"在前十的产品信息。

（4）复制"产品销售汇总表"，并将复制后的表格重命名为"产品销售（分类汇总）"，在新表格中依据"产品类别代码"汇总出"一二季度销售总额"的平均值。效果如图9-28所示。（提示：因为表格套用了表样式，不能使用分类汇总功能，可以单击"表格工具"→"设计"→"转换为区域"，对数据区域进行转换，转换之后，就可以用分类汇总了。）

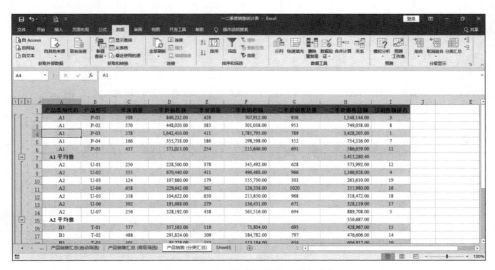

图9-28 产品销售汇总效果（部分）

CHAPTER 10

任务 10
公司日常费用分析

10.1 任务简介

10.1.1 任务要求与效果展示

吴红是一家公司财务部的员工，每天要面对很多账务报销信息，对这些数据进行统计、分析是她的工作之一。现在要根据公司 1—3 月份的日常费用明细表统计第一季度公司的财务报销情况，具体要求如下。

（1）将各部门的日常费用情况单独生成一张表格。

（2）统计各部门日常费用的平均值。

（3）对各部门的日常费用情况按总费用从高到低进行排序。效果如图 10-1 所示。

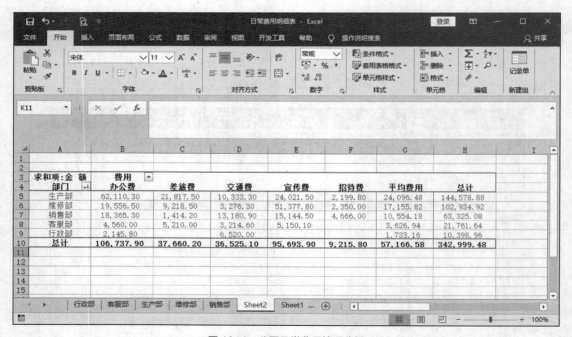

图 10-1 公司日常费用情况分析

10.1.2 知识技能目标

本任务涉及的知识点主要有：数据透视表的创建、数据透视表的编辑、数据透视表的值字段设置、数据透视表的筛选与排序。

知识技能目标如下。

- 掌握在 Excel 中创建数据透视表的方法。
- 掌握利用数据透视表对数据进行计算分析的方法。
- 掌握数据透视表的美化。

10.2 任务实施

10.2.1 创建数据透视表

数据透视表是一种对大量数据进行快速汇总和建立交叉表的交互式表格，用户可以转换行以查看数据源的不同汇总结果，可以显示不同页面以筛选数据，还可以根据需要显示区域中的明细数据。

在本任务中，创建数据透视表的操作步骤如下。

（1）打开素材文件夹中的工作簿文件"日常费用明细表 .xlsx"。

（2）选中表格中的任一单元格，切换到"插入"选项卡，单击"表格"功能组中的"数据透视表"按钮，如图 10-2 所示，弹出"创建数据透视表"对话框。

图 10-2 "数据透视表"按钮

（3）保持默认的表/区域的设置不变，选中"选择放置数据透视表的位置"栏中的"新工作表"单选按钮，如图 10-3 所示。单击"确定"按钮，返回工作表，进入数据透视表的设计环境。

（4）在"数据透视表字段"窗格中，将"选择要添加到报表的字段"列表框中的"费用类别"字段拖动到"列"中，将"经办人"字段拖动到"行"中，将"金额"字段拖动到"值"中，如图 10-4 所示，即可创建数据透视表，如图 10-5 所示。

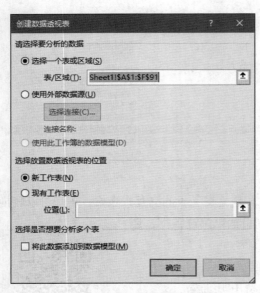

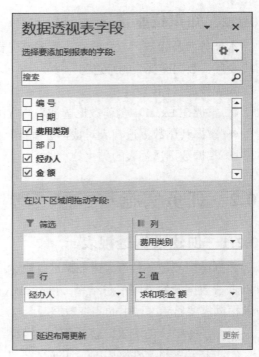

图 10-3 "创建数据透视表"对话框　　　　　　图 10-4 "数据透视表字段"窗格

求和项:金 额	列标签					
行标签	办公费	差旅费	交通费	宣传费	招待费	总计
李云	32892.4		12.3	1298.5		34203.2
刘博	576.5	3625.5	6737.3	53393.4	2350	66682.7
刘伟	23014.8	9953.2	2711.5	1686.6		37366.1
刘小丽	9706.2	12607.9		6421.5	456	29191.6
王伟	3273	441.4	13932.6	3621.5	4210	25478.5
郑军	11415.7	3922.7	3047	700	2199.8	21285.2
周俊	23734.3		3540.6	2597.5		29872.4
朱云	2125	7109.5	6543.8	25974.9		41753.2
总计	106737.9	37660.2	36525.1	95693.9	9215.8	285832.9

图 10-5　数据透视表创建完成后的效果

10.2.2　添加报表筛选页字段

Excel 提供了报表筛选页字段的功能，通过该功能，用户可以在数据透视表中快速显示位于筛选器中的字段的所有信息，添加报表筛选页字段后生成的工作表会自动以字段信息命名，便于用户查看数据信息。在本任务中，要将各部门的日常费用情况单独生成表格，可使用报表筛选字段的功能，操作步骤如下。

（1）在"数据透视表字段"窗格中，将"部门"字段拖动到"筛选"中。

（2）选中数据透视表中的任一含有内容的单元格。切换到"数据透视表工具 | 分析"选项卡，在"数据透视表"功能组中单击"选项"下拉按钮，在下拉列表中选择"显示报表筛选页"命令，如图 10-6 所示。

图 10-6 "显示报表筛选页"命令

（3）弹出"显示报表筛选页"对话框，选择要显示的报表筛选字段"部门"，如图 10-7 所示。单击"确定"按钮，返回工作表中，Excel 自动生成"行政部""客服部""生产部""维修部""销售部"5 张工作表。切换至任意一张工作表，均可查看员工的报销费用，图 10-8 所示为切换至"行政部"工作表时的效果。

图 10-7 "显示报表筛选页"对话框

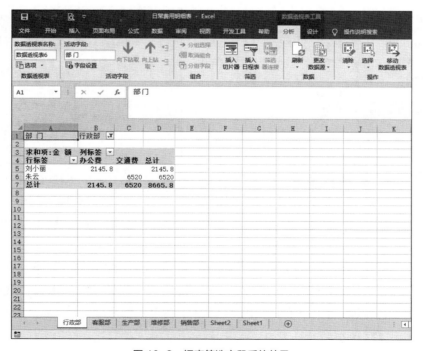

图 10-8 报表筛选字段后的效果

10.2.3　增加计算项

Excel 提供了创建计算项的功能，计算项是在已有的字段中插入新项，是通过对该字段现有的其他项计算后得到的。在选中数据透视表中某个字段标题或其下的项目时，可以使用"计算项"功能。需要注意的是，计算项只能应用于行、列字段，无法应用于数字区域。

微课视频

增加计算项

本任务需要在数据透视表中体现各部门的平均费用，可通过增加计算项实现。操作步骤如下。

（1）在"数据透视表字段"窗格中单击"行"字段列表中的"经办人"下拉按钮，从下拉列表中选择"删除字段"命令，如图 10-9 所示，将"经办人"字段从"行"字段列表中移除。

（2）将"部门"字段从"筛选"列表中移至"行"列表中。

（3）选中单元格 F4，切换到"数据透视表工具 | 分析"选项卡，单击"计算"功能组的"字段、项目和集"下拉按钮，从下拉列表中选择"计算项"命令，如图 10-10 所示。

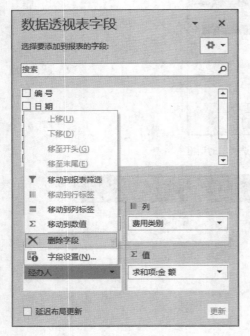

图 10-9　"删除字段"命令

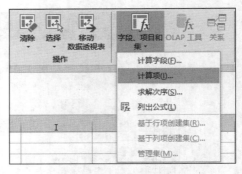

图 10-10　"计算项"命令

（4）在弹出的对话框中设置名称为"平均费用"，在"公式"文本框中输入"=average("，在"字段"列表框中选择"费用类别"，在"项"列表框中选择"办公费"，单击"插入项"按钮。

（5）在"公式"显示的"办公费"后输入逗号，在"项"列表框中选择"差旅费"，单击"插入项"按钮。用同样的方法继续添加"交通费"项、"宣传费"项、"招待费"项，如图 10-11 所示。添加完成后，单击"确定"按钮，返回工作表，可看到添加的"平均费用"计算项，如图 10-12 所示。

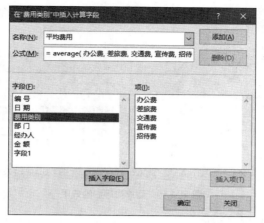

图 10-11 "在'费用类别'中插入计算字段"对话框

求和项:金额	列标签						
行标签	办公费	差旅费	交通费	宣传费	招待费	平均费用	总计
行政部	2145.8		6520		1733.16		10398.96
客服部	4560	5210	3214.6	5150.1		3626.94	21761.64
生产部	62110.3	21817.5	10333.3	24021.5	2199.8	24096.48	144578.88
维修部	19556.5	9218.5	3276.3	51377.8	2350	17155.82	102934.92
销售部	18365.3	1414.2	13180.9	15144.5	4666	10554.18	63325.08
总计	106737.9	37660.2	36525.1	95693.9	9215.8	57166.58	342999.48

图 10-12 "平均费用"计算项添加完成后的效果

10.2.4 数据透视表的排序

在已完成设置的数据透视表中还可以执行排序命令。本任务要求对分析出的数据按"总计"金额从高到低进行排序,具体操作如下。

（1）将光标定位于数据透视表的任意单元格中,单击"行标签"按钮,在弹出的快捷菜单中选择"其他排序选项"命令,如图 10-13 所示,弹出"排序（部门）"对话框。

（2）在"排序选项"栏中选择"降序排序（Z 到 A）依据"单选按钮,并从其下拉列表框中选择"求和项:金额"选项,如图 10-14 所示。

图 10-13 "其他排序选项"命令

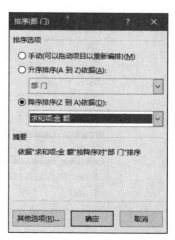

图 10-14 "排序（部门）"对话框

（3）单击"确定"按钮，即可使数据透视表中数据按"总计"金额从高到低排序，效果如图10-15所示。

	A	B	C	D	E	F	G	H
1								
2								
3	求和项:金 额	列标签 ▼						
4	行标签 ▼↓	办公费	差旅费	交通费	宣传费	招待费	平均费用	总计
5	生产部	62110.3	21817.5	10333.3	24021.5	2199.8	24096.48	144578.88
6	维修部	19556.5	9218.5	3276.3	51377.8	2350	17155.82	102934.92
7	销售部	18365.3	1414.2	13180.9	15144.5	4666	10554.18	63325.08
8	客服部	4560	5210	3214.6	5150.1		3626.94	21761.64
9	行政部	2145.8		6520			1733.16	10398.96
10	总计	106737.9	37660.2	36525.1	95693.9	9215.8	57166.58	342999.48

图10-15 降序排序后的效果

10.2.5 数据透视表的美化

为了增强数据透视表的视觉效果，用户可以对数据透视表进行样式选择、值字段设置等操作。具体操作如下。

微课视频
美化数据透视表

（1）将光标定位于数据透视表的任意单元格中，切换到"数据透视表工具 | 设计"选项卡，单击"数据透视表样式"功能组的"其他"按钮，从下拉列表中选择"浅绿，数据透视表样式浅色14"选项，如图10-16所示。

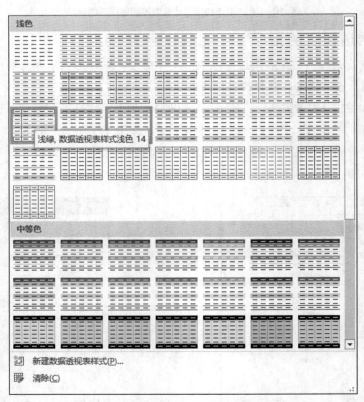

图10-16 "数据透视表样式"列表

（2）此时可以在工作表中看到应用了指定数据透视表样式后的表格，如图 10-17 所示。

求和项:金 额	列标签						
行标签	办公费	差旅费	交通费	宣传费	招待费	平均费用	总计
生产部	62110.3	21817.5	10333.3	24021.5	2199.8	24096.48	144578.88
维修部	19556.5	9218.5	3276.3	51377.8	2350	17155.82	102934.92
销售部	18365.3	1414.2	13180.9	15144.5	4666	10554.18	63325.08
客服部	4560	5210	3214.6	5150.1		3626.94	21761.64
行政部	2145.8		6520			1733.16	10398.96
总计	106737.9	37660.2	36525.1	95693.9	9215.8	57166.58	342999.48

图 10-17　应用数据透视表样式后的效果

（3）在"数据透视表工具 | 设计"选项卡中勾选"数据透视表样式选项"功能组中的"镶边列"复选框、"镶边行"复选框，如图 10-18 所示，实现数据透视表中的行、列镶边效果。

（图 10-18 的图像位于此处，含"文件 开始 插入 页面布局 公式 数据"菜单及"分类汇总 总计 报表布局 空行"和"行标题 镶边行 列标题 镶边列"选项）

图 10-18　"数据透视表样式选项"功能组

（4）双击单元格 A4（即行标签单元格），修改其文本内容为"部门"，双击单元格 B3（即列标签单元格），修改其文本内容为"费用"。

（5）在"数据透视表字段"窗格中单击"求和项：金额"下拉按钮，从弹出的快捷菜单中选择"值字段设置"命令，如图 10-19 所示，打开"值字段设置"对话框，如图 10-20 所示。

图 10-19　"值字段设置"命令

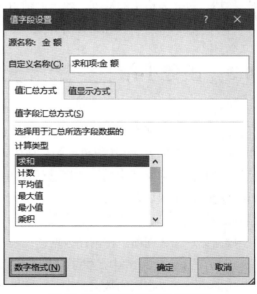

图 10-20　"值字段设置"对话框

（6）单击"数字格式"按钮，弹出"设置单元格格式"对话框，在"数字"选项卡中选择"数值"选项，设置"小数位数"为"2"，勾选"使用千位分隔符"，如图10-21所示。单击"确定"按钮，返回"值字段设置"对话框，然后单击"确定"按钮，返回工作表，完成数据透视表中数值单元格的格式设置。

图10-21 "设置单元格格式"对话框

（7）选中整个数据透视表，切换到"开始"选项卡，单击"对齐方式"功能组中的"居中"按钮，对齐表格中的数据。效果如图10-1所示。

（8）单击"保存"按钮，任务完成。

10.3 任务小结

本任务通过分析公司日常费用情况讲解了Excel中数据透视表的创建、数据透视表的值字段设置、数据透视表的数据排序等内容。在实际操作中大家还需要注意以下问题。

（1）数据透视表是从数据库中生成的动态总结报告，其中数据库可以是工作表中的，也可以是其他外部文件中的。数据透视表用一种特殊的方式显示一般工作表的数据，能够更加直观清晰地显示复杂的数据。

需要注意的是，并不是所有的数据都可以用于创建数据透视表，汇总的数据必须包含字段、数据记录和数据项。在创建数据透视表时一定要选择Excel能处理的数据库文件。

（2）在Excel 2016中提供了"推荐的数据透视表"功能，此功能可以根据所选表格内容来列举不同字段布局的数据透视表，如图10-22所示。用户可以根据自己的实际需要来选择合适的数据透视表。

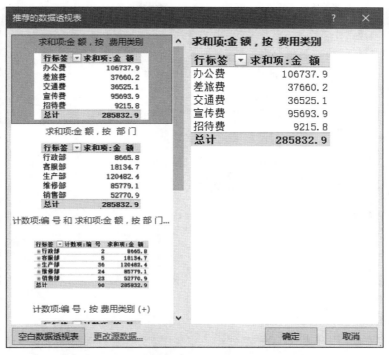

图 10-22 "推荐的数据透视表"对话框

（3）在"数据透视表字段"窗格的下方有 4 个区域，名称分别为"筛选""列""行""值"，分别代表了数据透视表的 4 个区域。

数值字段默认会进入"值"列表框。文本字段默认会进入"行"列表框。如需改变默认的归类方式，需要手动拖动字段。

（4）数据透视图是一个和数据透视表相链接的图表，它以图形的形式来展现数据透视表中的数据。数据透视图是一个交互式的图表，用户只需要改变数据透视图中的字段就可以显示不同数据。当数据透视表中的数据发生变化时，数据透视图也将随之发生变化，数据透视图改变时，数据透视表也将随之发生变化。以本任务中的数据透视表数据为例，数据透视图的创建操作如下。

① 将光标定位于数据透视表的任意单元格中，切换到"数据透视表工具 | 分析"选项卡，在"工具"功能组中单击"数据透视图"按钮，如图 10-23 所示。

图 10-23 "数据透视图"按钮

② 在弹出的"插入图表"对话框中选择"簇状柱形图"选项，如图 10-24 所示。

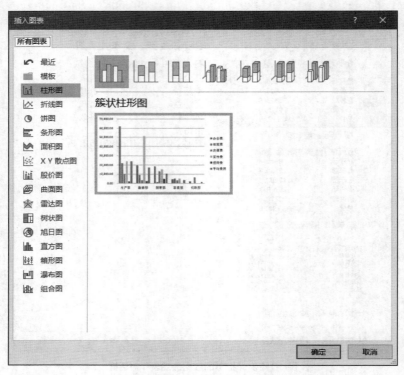

图 10-24 "插入图表"对话框

③ 单击"确定"按钮，返回工作表，即可看到 Excel 根据数据透视表自动创建了数据透视图，如图 10-25 所示。

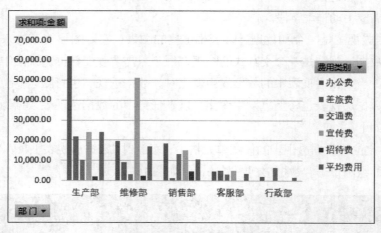

图 10-25 创建的数据透视图

④ 单击数据透视图中的"部门"按钮，在弹出的快捷菜单中取消勾选"客服部""维修部"复选框，如图 10-26 所示。单击"确定"按钮，可看到数据透视图中显示了筛选出的信息，如图 10-27 所示。

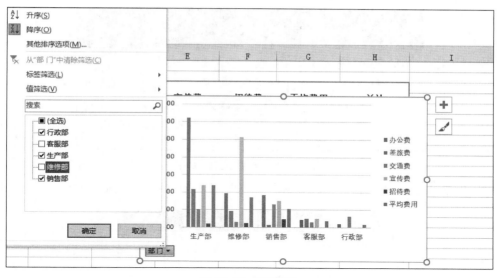

图 10-26　设置筛选

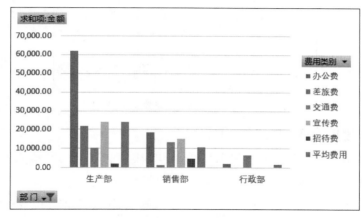

图 10-27　设置筛选后的效果

（5）当数据透视表刷新后，外观改变或无法刷新时，处理的方法有两种：一种是检查数据库的可用性，确保仍然可以连接外部数据库并能查看数据；另一种是检查源数据库的更改情况。

10.4　经验技巧

10.4.1　更改数据透视表的数据源

当数据透视表的数据源位置发生移动或其内容发生变动时，原来创建的数据透视表不能真实地反映现状，需要重新设定数据透视表的数据源，可进行如下操作。

（1）将光标定位于数据透视表的任意单元格中。

（2）切换到"数据透视表工具 | 分析"选项卡，单击"数据"功能组中的"更改数据源"按钮，从下拉列表中选择"更改数据源"命令，如图 10-28 所示。

图 10-28 "更改数据源"命令

（3）在弹出的"更改数据透视表数据源"对话框（见图 10-29）中选择新的表 / 区域即可。

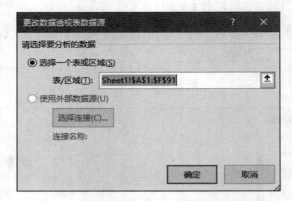

图 10-29 "更改数据透视表数据源"对话框

10.4.2 更改数据透视表的报表布局

在 Excel 2016 中有"以压缩形式显示""以大纲形式显示""以表格形式显示"3 种报表布局。其中"以压缩形式显示"样式为数据透视表的默认样式。

在本任务中，如将"经办人"拖动到"行"字段列表框中，数据透视表将默认显示为"以压缩形式显示"的样式，如图 10-30 所示。

求和项：金额部门	费用办公费	差旅费	交通费	宣传费	招待费	平均费用	总计
生产部	62,110.30	21,817.50	10,333.30	24,021.50	2,199.80	24,096.48	144,578.88
李云	24,930.80			1,236.00		5,233.36	31,400.16
刘博	321.50	3,625.50	6,737.30	6,683.50		3,473.56	20,841.36
刘伟	21,697.50	1,215.00	2,711.50			5,124.80	30,748.80
刘小丽	5,253.20	12,607.90		96.50		3,591.52	21,549.12
王伟	338.50	115.40	558.50			202.48	1,214.88
郑军	1,589.00	3,401.70			2,199.80	1,438.10	8,628.60
周俊	5,854.80		326.00			1,236.16	7,416.96
朱云	2,125.00	852.00		16,005.50		3,796.50	22,779.00
维修部	19,556.50	9,218.50	3,276.30	51,377.80	2,350.00	17,155.82	102,934.92
李云	2,143.00					428.60	2,571.60
刘博	255.00			40,546.90	2,350.00	8,630.38	51,782.28
刘伟		8,282.00		158.00		1,688.00	10,128.00
刘小丽	1,382.20			6,325.00		1,541.44	9,248.64
王伟		326.00	458.00			156.80	940.80
郑军		521.00	2,794.50	700.00		803.10	4,818.60
周俊	15,776.30					3,155.26	18,931.56
朱云		89.50	23.80	3,647.90		752.24	4,513.44
销售部	18,365.30	1,414.20	13,180.90	15,118.50	4,666.00	10,554.18	63,325.08

图 10-30 "以压缩形式显示"样式的数据透视表

如要更改此布局，可进行如下的操作。

（1）单击数据透视表区域的任意单元格。

（2）切换到"数据透视表工具 | 设计"选项卡，单击"布局"功能组中的"报表布局"按钮，从下拉列表中选择"以表格形式显示"命令，如图 10-31 所示，数据透视表的布局即被更改，如图 10-32 所示。

图 10-31 "报表布局"下拉列表

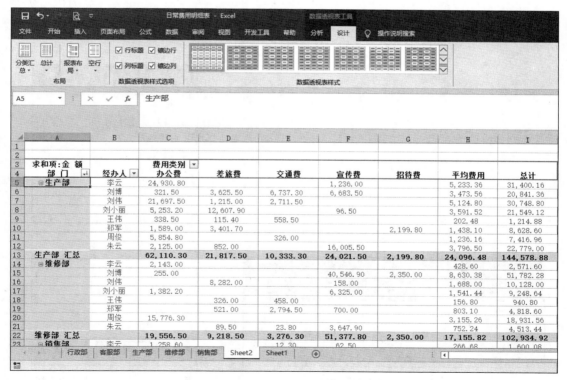

图 10-32 更改布局后的数据透视表

10.4.3 快速取消"总计"列

在创建数据透视表时，默认情况下会自动生成"总计"列，有时出现的此列并没有实际的意义，要将其取消可进行如下的操作。

（1）单击数据透视表区域的任意单元格。

（2）切换到"数据透视表工具 | 设计"选项卡，单击"布局"功能组中的"总计"按钮，在下拉列表中选择"仅对列启用"命令，如图 10-33 所示，即可快速取消"总计"列。

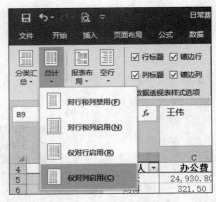

图 10-33 "总计"下拉列表

10.4.4 使用切片器快速筛选数据

切片器是 Excel 2016 的一项可用于数据透视表筛选的强大功能，使用切片器在进行数据筛选方面有很大的优势。切片器能够快速地筛选出数据透视表中的数据，而无须打开下拉列表查找要筛选的项目。以本任务中的数据透视表为例，使用切片器进行筛选的操作如下。

（1）单击数据透视表中的任意单元格。

（2）切换到"数据透视表工具 | 分析"选项卡，单击"筛选"功能组中的"插入切片器"按钮，如图 10-34 所示。

（3）在打开的"插入切片器"对话框中勾选"部门"复选框，如图 10-35 所示。弹出"切片器"窗口，单击窗口中的各个部门，即可快速复选数据透视表中的数据，如图 10-36 所示。

图 10-34 "插入切片器"按钮

图 10-35 "插入切片器"对话框

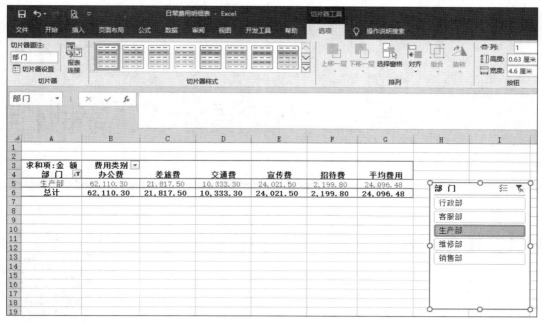

图 10-36　使用切片器筛选的效果

10.5　拓展训练

打开"员工销售业绩表",进行以下操作。

(1)统计出不同产品按地点分类的销售数量、销售数量点总数量的百分比。

(2)为数据透视图应用一种样式。

(3)对数据透视图中的数据按总销售数量进行降序排序。效果如图 10-37 所示。

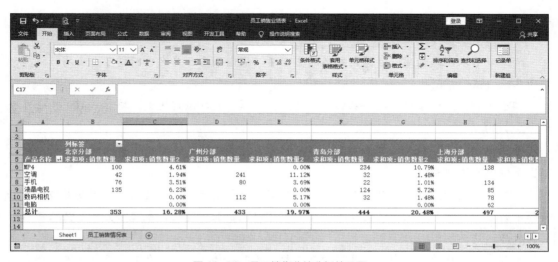

图 10-37　员工销售业绩分析效果图

CHAPTER 11

任务 11
事业单位演示文稿制作

11.1 任务简介

11.1.1 任务要求与效果展示

微课视频

任务介绍

学校领导需要针对"十三五期间学校发展的几个重要问题"做一场专题报告，下面为报告的文稿。现要求通过分析明确逻辑，制作工作汇报的演示文稿。

题目：十三五期间学校发展的几个重要问题

汇报背景：面临的挑战和机遇

挑战：生源持续下降；家长、企业、社会对毕业生要求越来越高；中职、应用型本科双重挤压；高职之间的竞争日益加剧。

机遇：国家的政策环境利好消息越来越多；行业产业的优势；区域经济社会发展越来越好。

对策：抓住机遇，迎接挑战，锐意进取，改革创新，狠抓内涵，争创一流。

一、师资队伍建设工程

专业带头人和名师建设：国内知名的2~3名，省内知名5~8名，新增1~2个省级优秀教学团队或科技创新团队。

博士工程：继续推进，结合品牌专业建设，统筹安排，做好规划；培养或引进博士（含博士生）30名。

骨干教师队伍：提升教学能力和教科研能力，培养100名左右的中青年骨干教师，硕士以上学位比例达到90%。

双师素质提升：校企共建"双师型"教师培养培训基地，结合现代学徒制的开展，专任教师中新型"双师型"比例达到90%；具有二年以上企业工作经历或三个月以上企业进修经历的教师达到70%。

兼职教师队伍建设：每个专业每学期都要有兼职教师上课，每个专业至少3~5名稳定的兼职教师，加上毕业实习指导教师，组成300人左右的兼职教师资源库，构成混编教学团队。

二、专业建设工程

优化专业体系结构：电子信息产业为主，向现代服务业和战略新兴产业拓展。深化电子商务、网络营销专业内涵，做强会计和财务管理类专业，继续办好报关、现代物流等专业；积极拓展智能制造、工业机器人技术、轨道交通、新能源、大数据云计算等。

提升专业建设水平：以省级品牌建设专业为引领，省级品牌建设专业瞄准国内一流；校级品牌专业为支撑，瞄准省内一流；辐射和带动校内的一般专业。大力建设，建出水平，建出特色。

三、学生素质提升工程

系统工程，创新创业教育贯穿教育教学的全过程。

深化教育教学改革：创新人才培养模式，改革教学内容、方法和手段，课程改革。

提高课堂教学质量：学情分析与课程标准把握结合，理论与实践结合、教与学结合、传统教法与信息化教学结合，学会与会学结合。

实践创新能力提升：开放实训室，技能大赛，第二课堂，大学生创新创业基地等。

其他还有：思想道德素质，职业素养、人文素质，身体和心理素质等。

四、招生就业工程

招生：生命线。多种生源，全年招生，精准招生，政策支持，全员发动。

就业创业：提高就业率，提高就业质量。鼓励学生创业，打造创业基地。

五、科研社会服务工程

科研队伍建设：学校、院系二级管理，专职科研人员队伍和团队建设亟待加强；发挥平台作用：九个省级平台为载体，带动辐射其他科研项目和队伍；加大社会培训力度：每个院系都要有社会培训任务，培训项目和培训人次要逐年递增。

六、现代职教体系构建工程

对接中职：响应教育部要求，拓展生源；对接应用型本科：吸引优质生源，锻炼师资队伍，构造职业教育立交桥；提升办学层次：从专业层面上，探索试办本科层次的职业教育；从学校层面上，在区域内提升办学层次；在信息产业系统内提升办学层次；

最终效果如图 11-1 所示。

（a）封面

（b）挑战

图 11-1　本任务最终效果

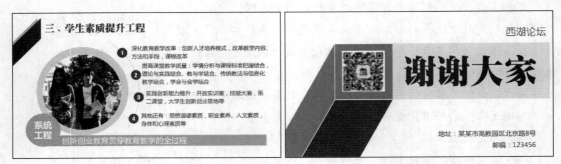

（c）策略　　　　　　　　　　　　　　　（d）目录

（e）内容页　　　　　　　　　　　　　　（f）封底页

图 11-1　本任务最终效果（续）

11.1.2　知识技能目标

涉及的知识点主要有：PPT 的逻辑设计、PPT 页面设置、插入文本框、插入图片、插入形状。

知识技能目标如下。

- 掌握 PPT 页面设置。
- 掌握插入文本及设置文本的方法。
- 掌握插入图片的方法与图文混排的方法。
- 掌握插入形状及设置格式的方法。
- 掌握图文混排的 CRAP 原则。

11.2　任务实施

本演示文稿主要采用了扁平化的设计，主要进行了页面设置，插入与设置文本、图片、形状等元素操作，实现图文混排。

11.2.1　PPT 框架设计

本演示文稿可以采用说明式框架结构，如图 11-2 所示。

微课视频

PPT 框架设计

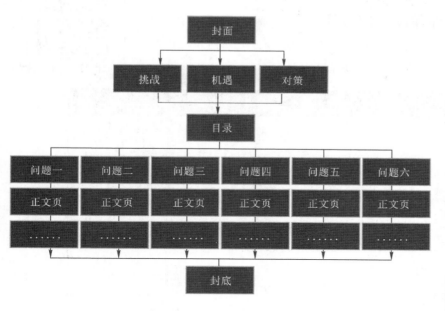

图 11-2　PPT 框架图

11.2.2　PPT 页面草图设计

整个页面的布局结构如图 11-3 所示。

（a）封面结构

（b）背景结构

（c）内容结构

（d）封底结构

图 11-3　页面结构

11.2.3　创建文件并设置幻灯片大小

执行"开始"→"PowerPoint 2016"命令，启动 PowerPoint 2016，新创建一个演示文稿文档，如图 11-4 所示。

微课视频
PPT 界面的页面设置

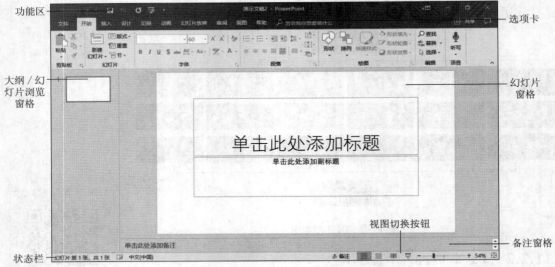

图 11-4　PowerPoint 2016 工作界面

执行"文件"→"另存为"命令，将文件保存为"十三五期间学校发展的几个重要问题 .pptx"。

选择"设计"选项卡，在"自定义"功能组中单击"幻灯片大小"按钮，如图 11-5 所示，在下拉菜单中选择"自定义"，弹出"幻灯片大小"对话框，如图 11-6 所示，设置宽度为 33.867 厘米，高度为 19.05 厘米。

图 11-5　"幻灯片大小"按钮

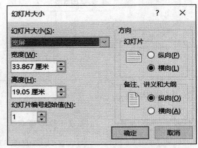

图 11-6　"幻灯片大小"对话框

11.2.4　封面页的制作

依据图 11-3 中的"封面结构"，封面设计的重点是插入形状并编辑，具体方法与步骤如下。

（1）单击"插入"选项卡，单击选项卡中的"形状"按钮，选择"矩形"栏中的"矩形"选项，如图 11-7 所示，在页面中拖动鼠标绘制一个矩形，如图 11-8 所示。

微课视频
封面页的制作

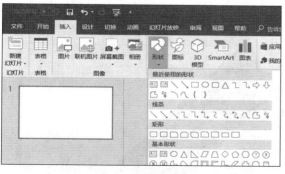

图 11-7 插入矩形

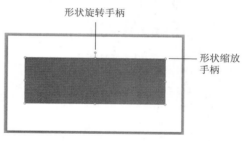

图 11-8 插入矩形后的效果

（2）双击矩形，切换至"绘图工具 | 格式"选项卡，如图 11-9 所示。

图 11-9 矩形的"绘图工具 | 格式"选项卡

（3）单击"形状填充"按钮，此时弹出"形状填充"下拉菜单，如图 11-10 所示，选择"其他填充颜色"命令，弹出"颜色"对话框，选择"自定义"选项卡，设置矩形的填充颜色的"颜色模式"为"RGB"，设置红色为"10"，绿色为"86"，蓝色为"169"，如图 11-11 所示，设置完成后的效果如图 11-12 所示。

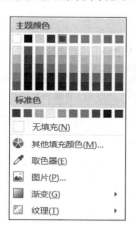

图 11-10 "形状填充"下拉菜单

图 11-11 自定义填充颜色

图 11-12 填充后的矩形效果

（4）单击"形状轮廓"按钮，此时弹出"形状轮廓"下拉菜单，界面如图 11-13 所示，选择"无轮廓"命令，清除矩形的边框效果。

（5）选择刚绘制的矩形，在"形状旋转手柄"图标上按住鼠标左键拖动，顺时针旋转 45 度，同时调整矩形的位置，效果如图 11-14 所示。

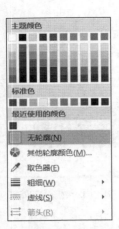

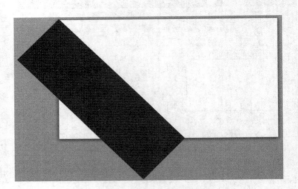

图 11-13　设置形状轮廓为"无轮廓"　　　　图 11-14　旋转矩形后的效果

（6）单击"插入"选项卡，单击选项卡中的"形状"按钮，选择"矩形"栏中的"平行四边形"选项，在页面中拖动鼠标绘制一个平行四边形，设置形状填充为橙色，调整大小与位置，效果如图 11-15 所示。

（7）双击平行四边形，切换至"绘图工具 | 格式"选项卡，单击"旋转"按钮，在弹出的下拉菜单中选择"水平翻转"命令，如图 11-16 所示。

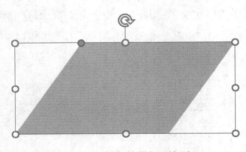

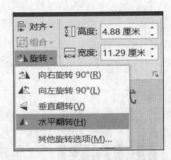

图 11-15　插入的平行四边形　　　　图 11-16　执行"水平翻转"命令

（8）调整橙色平行四边形的位置，如图 11-17 所示。采用同样的方法，在页面中再次绘制一个平行四边形，设置形状填充为浅灰色，调整大小与位置，如图 11-18 所示。

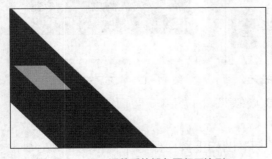

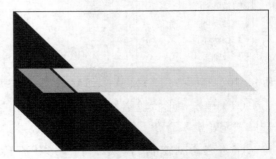

图 11-17　调整后的橙色平行四边形　　　　图 11-18　插入灰色平行四边形后的效果

（9）双击灰色的平行四边形，切换至"绘图工具 | 格式"选项卡，如图 11-19 所示，单击"形状效果"按钮，在弹出的下拉菜单中选择"阴影"下的"偏移：右下"效果，如图 11-20 所示。

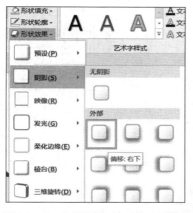

图 11-19　设置平行四边形的阴影效果

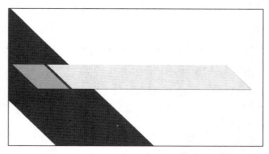

图 11-20　为平行四边形设置阴影后的效果

（10）执行"插入"→"文本框"→"横排文本框"命令，输入文本"十三五期间学校发展的几个重要问题"，在"开始"选项卡中设置字体为"微软雅黑"，文字大小为"36"，字体加粗，文本颜色为深蓝色，如图 11-21 所示，设置后的效果如图 11-22 所示。

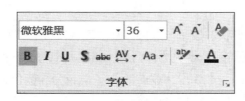

图 11-21　设置文字的格式

图 11-22　添加文字标题后的效果

（11）采用同样的方法，输入文本"2019"，在"开始"选项卡中设置字体为"Broadway"，文字大小为"130"，文本颜色为深蓝色，效果如图 11-23 所示。

（12）采用同样的方法，插入新的平行四边形，插入新的文本，效果如图 11-24 所示。

图 11-23　添加文字后的效果

图 11-24　添加新的图形与文字后的效果

（13）在右上角添加文字"西湖论坛"，在"开始"选项卡中设置字体为"幼圆"，文字大小为"36"，文本颜色为深蓝色，效果如图 11-1 中的（a）图所示。

11.2.5 目录页的制作

目录页设计与封面基本相似，具体方法与步骤如下。

微课视频

目录页的制作

（1）复制封面页，删除多余内容，效果如图 11-14 所示，然后复制矩形，设置填充色为浅蓝色，效果如图 11-25 所示，选择复制出的浅蓝色矩形，右键单击，执行"置于底层"命令，调整矩形的位置，效果如图 11-26 所示。

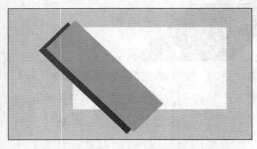

图 11-25 复制矩形并设置矩形的填充色

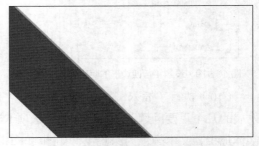

图 11-26 调整矩形位置后的效果

（2）复制封面页中的浅灰色矩形，调整大小与位置，插入文本"目录"，在"开始"选项卡中设置字体为"方正粗宋简体"，文字大小为"36"，文本颜色为深蓝色，效果如图 11-27 所示。

（3）单击"插入"选项卡，单击选项卡中的"形状"按钮，选择"基本形状"中的"三角形"选项，在页面中拖动鼠标绘制一个三角形，设置形状填充为深蓝色，调整大小与位置；插入横排文本框，输入文本"01"，设置字体为"Impact"，大小为"36"，颜色为深蓝色；插入深蓝色的矩形与文本"师资队伍建设工程"。效果如图 11-28 所示。

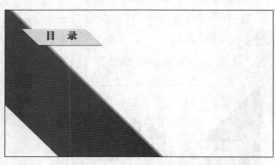

图 11-27 添加目录标题后的效果

图 11-28 添加目录内容后的效果

（4）重复复制三角形、"01"文本框、矩形、"师资队伍建设工程"文本框，依次修改文本框的内容，效果如图 11-1 中的（d）图所示。

11.2.6 内容页面的制作

内容页面有 6 个，页面效果如图 11-29 所示。

微课视频

内容页面的制作

（a）师资队伍页面

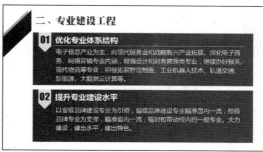

（b）专业建设页面

（c）学生素质页面

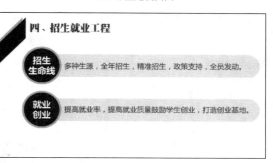

（d）招生就业页面

（e）科研与社会服务页面

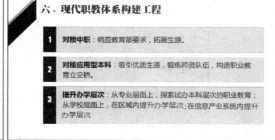

（f）现代职教体系页面

图 11-29　内容页面的最终效果

　　内容页面基本都是使用了图形与文本的组合来设计的，这与封面与目录页面效果相似，图 11-29 中的（a）图与（c）图还使用了图片，下面以（c）图为例介绍内容页面的制作过程。具体方法与步骤如下。

　　（1）执行"插入"→"形状"→"平行四边形"命令，在页面中拖动鼠标绘制一个平行四边形，设置形状填充为深蓝色，边框为"无边框"，旋转并调整大小与位置，复制平行四边形，填充浅蓝色，插入文本"三、学生素质提升工程"，在"开始"选项卡中设置字体为"方正粗宋简体"，文字大小为"36"，文本颜色为深蓝色，效果如图 11-30 所示。

　　（2）执行"插入"→"形状"→"椭圆"命令，按住 <Shift> 键，在页面中拖动鼠标绘制一个圆形，设置形状填充为淡蓝色，边框为"无边框"，效果如图 11-31 所示。

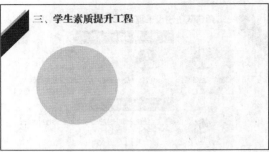

图 11-30　添加平行四边形与文本　　　　　图 11-31　添加圆形后的效果

（3）执行"插入"→"图片"命令，弹出"插入图片"对话框，选择素材文件夹中的"学生 .png"图片，单击"插入"按钮，如图 11-32 所示，调整大小与位置后，页面的效果如图 11-33 所示。

图 11-32　"插入图片"对话框

图 11-33　插入图片后的效果

（4）其余的操作主要是插入图形与文字，在此不做赘述，页面的效果如图 11-29 中的（c）图所示。

Office 2016 办公软件高级应用任务式教程（微课版）

160

11.2.7 封底页面的制作

依据图 11-3 中的"封底结构",封底设计的重点是形状、图片与文字的混排。由于已经学习了图形的插入、文字的设置、图片的插入,在此只做简单的步骤介绍。

(1)使用插入图形的方法插入两个平行四边形,如图 11-34 所示,然后插入浅蓝色的正方形与浅灰色的矩形,如图 11-35 所示。

图 11-34 插入平行四边形

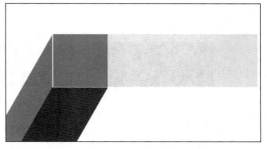

图 11-35 插入正方形和矩形

(2)为了增加立体感,在两个平行四边形交界的地方绘制白色的线条,如图 11-36 所示,插入素材文件夹中的"二维码 .png"图片,如图 11-37 所示。

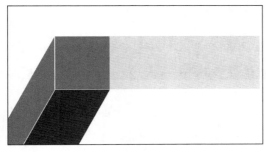

图 11-36 绘制线条

图 11-37 插入二维码图片后的效果

(3)插入文本内容,页面的效果如图 11-1 中的(f)所示。

11.3 任务小结

本任务通过介绍一份事业单位工作汇报演示文稿的制作过程,讲解了页面设置,插入文本、图片、形状的步骤。

11.4 经验技巧

11.4.1 PPT 文字的排版与字体的巧妙使用

PPT 中的文字要主次分明。在内容方面,呈现主要的关键词、观点即可。在文字的排版方面,文字之间的行距最好控制在 125%~150% 之间。

在西文的字体分类方法中将字体分为了两类：衬线字体和无衬线字体。实际上对于汉字的字体分类也是适用的。

微课视频

字体的使用

1．衬线字体

衬线字体在笔画开始和结束的地方有额外的装饰，而且笔画的粗细有所不同。文字细节较复杂，较注重文字与文字的搭配和区分，在纯文字的 PPT 中使用较好。

常用的衬线字体有宋体、楷体、隶书、粗倩、粗宋、舒体、姚体、仿宋体等，如图 11-38 所示。使用衬线字体作为页面标题时，有优雅、精致的感觉。

宋体　楷体　隶书　粗倩　粗宋　舒体　姚体　仿宋体

图 11-38　衬线字体

2．无衬线字体

无衬线字体笔画没有装饰，笔画粗细接近，文字简洁，字与字的区分不是很明显。相比衬线字体的手写感，无衬线字体人工设计感比较强，时尚而有力量，稳重而又不失现代感。无衬线字体更注重段落与段落，文字与图片的配合区分，在图表类型 PPT 中表现较好。

常用的无衬线体有黑体、微软雅黑、幼圆、综艺简体、汉真广标、细黑等，如图 11-39 所示。使用无衬线字体作为页面标题时，有简练、明快、爽朗的感觉。

黑体　微软雅黑　幼圆　综艺简体　汉真广标　细黑

图 11-39　无衬线字体

3．书法体

书法体，就是书法风格的字体。传统书法体主要有行书字体、草书字体、隶书字体、篆书字体和楷书字体 5 种，也就是 5 个大类。在每一大类中又细分为若干小的门类，如篆书又分大篆、小篆，楷书又有魏碑、唐楷之分，草书又有章草、今草、狂草之分。

PPT 常用的书法体有苏新诗柳楷、迷你简启体、迷你简祥隶、叶根友毛笔行书等，如图 11-40 所示。书法字体常被用在封面、片尾，用来表达传统文化或富有艺术气息的内容。

苏新诗柳楷　迷你简启体　迷你简祥隶　叶根友毛笔行书

图 11-40　书法字体

4．字体的经典组合体

经典搭配 1：方正综艺体（标题）＋微软雅黑（正文）。此搭配适合课题汇报、咨询报告、学术报告等正式场合，如图 11-41 所示。

方正综艺体有足够的分量，微软雅黑足够饱满，两者结合能让画面显得庄重、严谨。

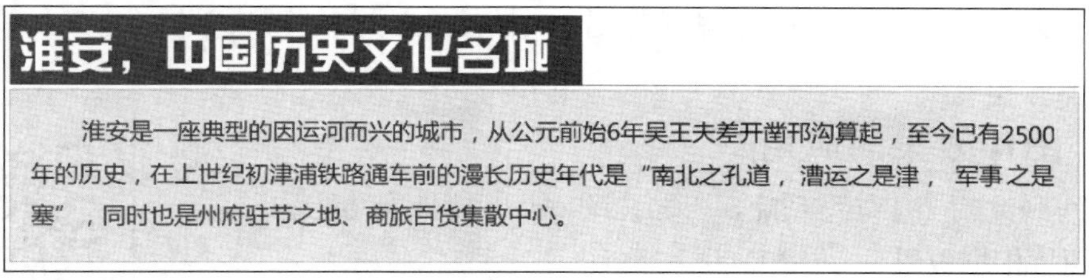

淮安，中国历史文化名城

淮安是一座典型的因运河而兴的城市，从公元前始6年吴王夫差开凿邗沟算起，至今已有2500年的历史，在上世纪初津浦铁路通车前的漫长历史年代是"南北之孔道，漕运之是津，军事之是塞"，同时也是州府驻节之地、商旅百货集散中心。

图 11-41　方正综艺体（标题）+ 微软雅黑（正文）

经典搭配 2：方正粗宋简体（标题）+ 微软雅黑（正文）。此搭配适合使用在会议之类的严肃场合，如图 11-42 所示。

方正粗宋简体是会议场合使用的字体，庄重严谨，刚劲有力，所以显示了一种威严与规矩。

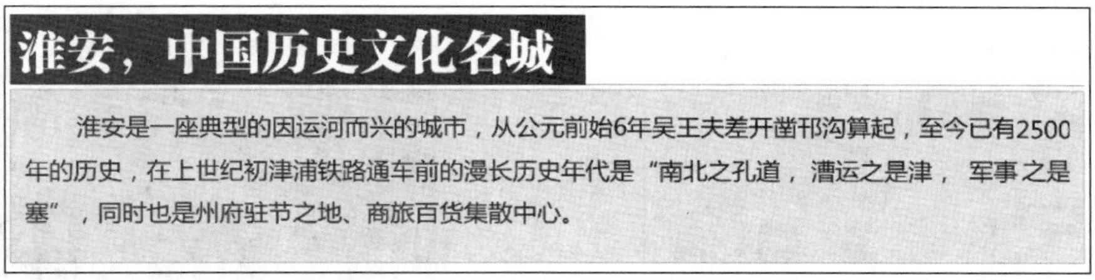

淮安，中国历史文化名城

淮安是一座典型的因运河而兴的城市，从公元前始6年吴王夫差开凿邗沟算起，至今已有2500年的历史，在上世纪初津浦铁路通车前的漫长历史年代是"南北之孔道，漕运之是津，军事之是塞"，同时也是州府驻节之地、商旅百货集散中心。

图 11-42　方正粗宋简体（标题）+ 微软雅黑（正文）

经典搭配 3：方正粗倩简体（标题）+ 微软雅黑（正文）。此搭配适合使用在企业宣传、产品展示之类的场合，如图 11-43 所示。

方正粗倩简体不仅有分量，而且有几分温柔与洒脱，让画面显得足够鲜活。

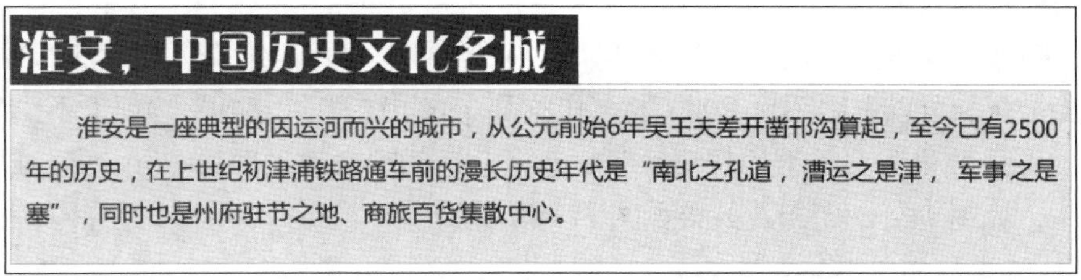

淮安，中国历史文化名城

淮安是一座典型的因运河而兴的城市，从公元前始6年吴王夫差开凿邗沟算起，至今已有2500年的历史，在上世纪初津浦铁路通车前的漫长历史年代是"南北之孔道，漕运之是津，军事之是塞"，同时也是州府驻节之地、商旅百货集散中心。

图 11-43　方正粗倩简体（标题）+ 微软雅黑（正文）

经典搭配 4：方正卡通简体（标题）+ 微软雅黑（正文）。此搭配适合于卡通、动漫、娱乐等活泼一点的场合，如图 11-44 所示。

方正卡通简体轻松活泼，能增加画面的生动感。

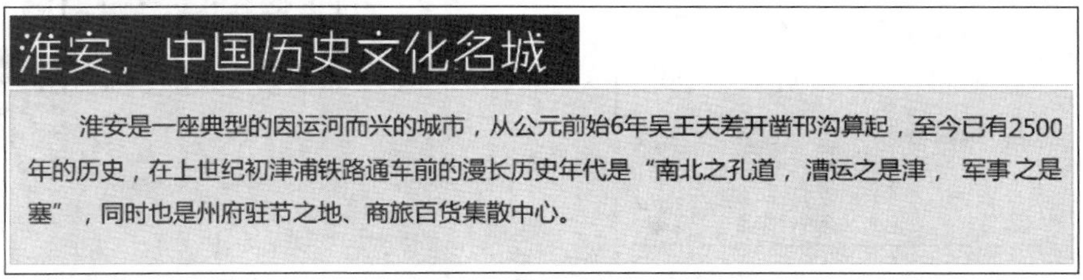

淮安，中国历史文化名城

淮安是一座典型的因运河而兴的城市，从公元前始6年吴王夫差开凿邗沟算起，至今已有2500年的历史，在上世纪初津浦铁路通车前的漫长历史年代是"南北之孔道，漕运之是津，军事之是塞"，同时也是州府驻节之地、商旅百货集散中心。

图 11-44　方正卡通简体（标题）+ 微软雅黑（正文）

此外，大家还可以使用微软雅黑（标题）+ 楷体（正文）、微软雅黑（标题）+ 宋体（正文）等搭配。

11.4.2 图片效果的应用

微课视频

图片效果的应用

PPT 有强大的图片处理功能，下面介绍一些图片处理功能。

1. 图片相框效果

PPT 在图片样式中提供了一些精美的相框，使用方法如下。

打开 PowerPoint 2016，插入素材图片"晨曦 .jpg"，双击图像，然后再设置"图片边框"颜色为白色，边框粗细为 6 磅，设置"图片效果"为"阴影"效果中的"偏移：中"，如图 11-45 所示，复制图片并进行移动与旋转，效果如图 11-46 所示。

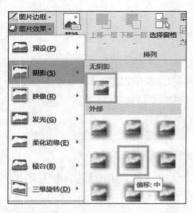

图 11-45 设置"图片效果"为"阴影"中的"偏移：中"　　　　　图 11-46 相框效果

2. 图片映像效果

图片的映像效果是立体化的一种体现，运用映像效果，可以给人更加强烈的视觉冲击。要设置映像效果，可以选中图片（如素材"化妆品 .jpg"），在"格式"选项卡下"图片样式"功能组中"图片效果"菜单下的"映像"中选择合适的映像效果即可（如"紧密映像：4 磅偏移量"），如图 11-47 所示，效果如图 11-48 所示。

图 11-47 设置"图片效果"为"紧密映像：4 磅偏移量"　　　　　图 11-48 映像效果

在细节的设置方面，大家可以右键单击图片，在弹出的快捷菜单中选择"设置图片格式"命令，在"设置图片格式"窗格中可以对映像的透明度、大小等细节进行设置。

3．快速实现三维效果

图片的三维效果是图片立体化最突出的表现形式，实现的方法如下。

选中素材图片（如"啤酒.jpg"）后，执行"格式"选项卡下"图片样式"功能组中"图片效果"菜单下的"三维旋转"中的"透视"下的"右透视"命令，右键单击图片，执行"设置图片格式"命令，在"三维旋转"选项中设置 x 轴旋转"320°"（见图 11-49），最后，再设置"映像"效果，最终的效果如图 11-50 所示。

图 11-49　设置"设置图片格式"窗格

图 11-50　三维效果

4．利用裁剪实现个性形状

在 PPT 中插入的图片的形状一般是矩形，通过裁剪功能可以将图片修改成任意的自选形状，以适应多图排版。

双击素材图片"晨曦.jpg"，单击"裁剪"按钮，设置"纵横比"为"1:1"，调整位置，可以将素材裁剪为正方形。

执行"格式"选项卡下"大小"功能组中"裁剪"菜单下的"裁剪为形状"中的"泪滴形"命令（见图 11-51），裁剪后的效果如图 11-52 所示。

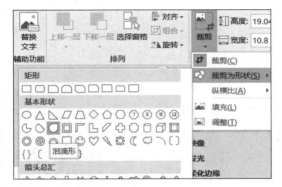

图 11-51　设置"裁剪"为"泪滴形"

图 11-52　裁剪后的效果

5．形状的图片填充

当有些形状在"裁剪为形状"中没有时，大家可以先绘制图形，然后再填充图片。需要注意的是绘制的图形和将要填充的图片的长宽比务必保持一致，否则会导致图片扭曲变形，从而影响美观度。填充图片的效果如图 11-53 所示。具体操作如下：选择图形，右键单击图形，选择"设置形状格式"，在弹出的"设置形状格式"窗格的"填充"选项中选中"图片或纹理填充"，如图 11-54 所示。然后单击"插入图片来自"下方的"文件"按钮，选择要插入的图片，单击"插入"按钮即可。

图 11-53　填充图片后的效果　　　　　　　　　　　图 11-54　设置填充方式

插入图片后，还可以设置相关的参数，根据需要进行调整。

6．给文字填充图片

为了使标题文字更加美观，大家还可以将图片填充到文字内部，效果如图 11-55 所示，具体方法与形状填充相似。

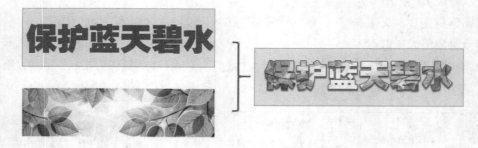

图 11-55　为文本填充图片后的效果

11.4.3　多图排列技巧

当一页 PPT 中有天空与大地两幅图像时，把天空放到大地的上方更协调，如图 11-56 所示，当有两幅大地的图像时，两张图片地平线在同一直线上，则两张图片看起来就像一张图片一样，看起来会和谐很多，如图 11-57 所示。

微课视频

多图排列技巧

大地在上，蓝天在下，不合常理　　　　　天在上，地在下，和谐自然

图 11-56　天空在上，大地在下

地平线错开
不协调

地平线一致
视感更舒服

图 11-57　两幅大地图像的地平线在同一直线上

对于多张人物图片，将人物的眼睛置于同一水平线上时看起来是很舒服的。这是因为在面对一个人时一定是先看他的眼睛，当这些人物的眼睛处于同一水平线上时，视线在多张图片间移动就是平稳流畅的，如图 11-58 所示。

图 11-58　多个人物的眼睛在一条水平线上

另外，大家的视线实际是随着图片中人物视线的方向移动的，所以，处理好图片中人物与 PPT 内容的位置关系非常重要，如图 11-59 所示。

图 11-59　PPT 内容在视线的方向上

单个人物与文字排版时，人物的视线应向文字，使用两幅人物图片时，两人视线相对，可以营造和谐的氛围。

11.4.4　PPT 界面设计的 CRAP 原则

微课视频

PPT 排版的 CRAP 原则

CRAP 是罗宾·威廉斯提出的 4 项基本设计原则，主要凝炼为 Contrast（对比）、Repetition（重复）、Alignment（对齐）、Proximity（亲密性）4 个基本原则。

原 PPT 效果如图 11-60 所示。运用"方正粗宋简体（标题）＋微软雅黑（正文）"的字体搭配后的效果如图 11-61 所示。

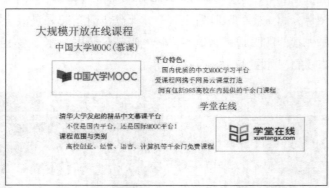

图 11-60　原页面效果

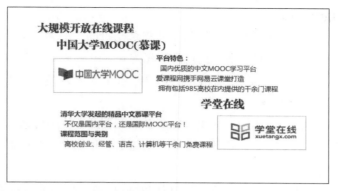

图 11-61 使用"方正粗宋简体（标题）+ 微软雅黑（正文）"后的效果

下面介绍 CRAP（对介绍顺序进行了调整）并运用它修改这个界面的效果。

1. 亲密性（Proximity）

彼此相关的项应当靠近，使它们成为一个视觉单元，而不是散落的孤立元素，从而减少混乱。要有意识地注意读者（自己）是怎样阅读的，视线怎样移动，从而确定元素的位置。

目的：根本目的是使元素的排列紧凑，使页面留白更美观。

实现方法：微眯眼睛，统计页面中同类紧密相关的元素，依据逻辑相关性，归组合并。

注意 不要只因为有页面留白就把元素放在角落或者中部，避免一个页面上有太多孤立的元素，不要在元素之间留置同样大小的空白，除非各组同属于一个子集，不属一组的元素之间不要建立紧凑的群组关系！

本例优化：本例中包含 3 部分，标题为"大规模开放在线课程"，其下包含了两个内容：中国大学 MOOC(慕课) 平台介绍、学堂在线平台介绍。根据"亲密性"原则，使相关联的信息互相靠近。注意：在调整内容时，标题"大规模开放在线课程"与"中国大学 MOOC(慕课)"，以及"中国大学 MOOC(慕课)"与"学堂在线"的间距协调，而且间距一定要拉开，让浏览者清楚地感觉到这个页面分为 3 个部分，页面效果如图 11-62 所示。

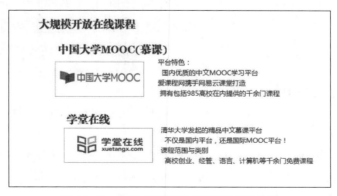

图 11-62 运用"亲密性"原则修改后的效果

2. 对齐（Alignment）

任何东西都不能在页面上随意摆放，每个素材都与页面上的另一个元素有某种视觉联系（例如并列关系），可建立一种清晰、精巧且清爽的外观。

目的：使页面统一而且有条理，不论创建精美、正式、有趣还是严肃的外观，通常都可以利用一种明确的对齐来达到目的。

实现方法：要特别注意元素放在哪里，应当总能在页面上找出与之对齐的元素。

问题：要避免在页面上混合使用多种文本对齐方式，尽量避免居中对齐，除非有意创建一种比较正式稳重的效果。

本例优化：运用"对齐"原则，将"大规模开放在线课程"与"中国大学 MOOC(慕课)""学堂在线"对齐，将"中国大学 MOOC(慕课)""学堂在线"中的图片左对齐，将"中国大学 MOOC(慕课)""学堂在线"的内容左对齐，将图片与内容顶端对齐，最终形成清晰、精巧、清爽的外观，界面如图 11-63 所示。

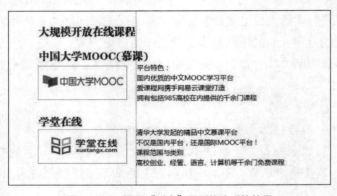

图 11-63　运用"对齐"原则修改后的效果

技巧

在实现对齐的过程中可以使用"视图"选项卡下"显示"功能组中的"标尺""网格线""参考线"来辅助对齐，例如图 11-63 中的虚线就是参考线。也可以使用"开始"选项卡下"绘图"功能组下的"排列"，实现元素的"左对齐""右对齐""左右居中""顶端对齐""底端对齐""上下居中"，此外，还可以实现"横向分布"与"纵向分布"，使各个元素等间距分布。

3. 重复（Repetition）

当设计中的视觉要素在整个作品中重复出现时，可以重复颜色、形状、材质、空间关系、线宽、字体、大小和图片，增强条理性。

目的：统一并增强视觉效果，如果一个作品看起来很统一，往往更易于阅读。

实现方法：为保持并增强页面的一致性，可以增加一些纯粹为重复而设计的元素；创建新的重复元素，来增强设计的效果并提高信息的清晰度。

问题：要避免太多地重复一个元素，要注意对比的价值。

本例优化：将本例中的"大规模开放在线课程""中国大学 MOOC(慕课)""学堂在线"标题文本加粗，或者更换颜色，在两张图片左侧添加同样的"橙色"矩形条，将两张图片的边框修改为"橙色"，在"中国大学 MOOC(慕课)""学堂在线"同样的位置添加一条虚线，在"中国大学 MOOC(慕课)"与"学堂在线"文本前方添加图标，如图 11-64 所示。通过这些调整将"中国大学 MOOC(慕课)"与"学堂在线"的内容更加紧密地联系在了一起，很好地加强了版面的条理性与统一性。

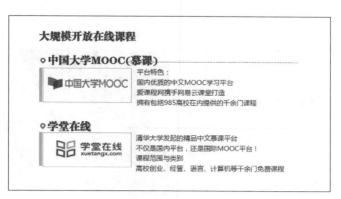

图 11-64　运用"重复"原则修改后的效果

4. 对比（Contrast）

在不同元素之间建立层级结构，让页面元素具有截然不同的字体、颜色、大小、线宽、形状、空间等，从而增强版面的视觉效果。

目的：增强页面效果，有助于重要信息的突出显示。

实现方法：通过选择字体、线宽、颜色、形状、大小、空间等来增强对比；对比一定要强烈。

问题：容易犹豫，不敢加强对比。

本例优化：将标题文字"大规模开放在线课程"放大；还可以为标题增加色块衬托，更换标题的文字颜色，例如修改为白色等。将"中国大学 MOOC(慕课)"中"平台特色："标题文本加粗，"学堂在线"中的"清华大学发起的精品中文慕课平台"也加粗，为"中国大学 MOOC(慕课)"中的内容添加项目符号，突出层次关系，同样给"学堂在线"的内容也添加同样的项目符号，如图 11-65 所示。

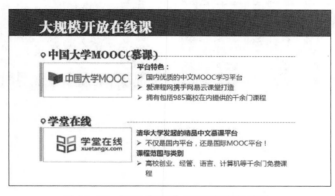

图 11-65　运用"对比"原则修改后的效果

11.5 拓展训练

福膜新材料科技有限公司是一家由海外回国人员创办的民营高科技企业，位于杭州国家级经济技术开发区内，于2010年6月11日注册成立。现需要针对应届大学毕业生进行招聘。要求制作一份演示文稿，介绍公司基本情况、职业发展、薪酬福利、岗位责任与要求、应聘流程等。

企业的详细介绍参见素材文件夹中的"福膜新材料科技有限公司校园宣讲稿.pdf"。

最终的页面效果如图11-66所示。

（a）封面　　　　　　　　　　　　　　　　　（b）目录

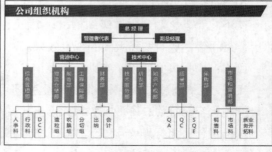

（c）公司介绍　　　　　　　　　　　　　　　（d）组织机构

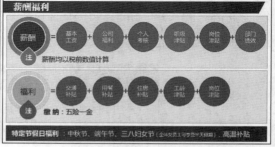

（e）职业发展　　　　　　　　　　　　　　　（f）薪酬福利

图11-66　招聘演示文稿最终的效果

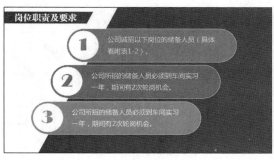

（g）岗位与要求 （h）封底

图 11-66 招聘演示文稿最终的效果（续）

CHAPTER 12

任务 12
创业案例介绍演示文稿制作

12.1 任务简介

12.1.1 任务要求与效果展示

易百米公司是创业成功的典型，刘经理需要做个汇报，公关部小王负责制作该活动的演示文稿。要求利用 PPT 的母版功能与基本的排版功能制作，最终的 PPT 效果如图 12-1 所示。

微课视频

任务介绍

（a）封面页面效果　　　　　　　（b）目录页面效果

（c）过渡页面效果　　　　　　　（d）内容页面效果 1

图 12-1　创业案例介绍页面效果

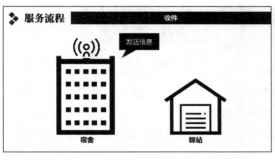

（e）内容页面效果 2

（f）封底页面效果

图 12-1　创业案例介绍页面效果（续）

12.1.2　知识技能目标

本任务涉及的知识点主要有：母版的结构、模板的制作与使用等。

知识技能目标如下。

- 了解 PowerPoint 演示文稿母版的基本结构。
- 掌握 PowerPoint 演示文稿母版的使用方法。
- 掌握封面页、目录页、过渡页、内容页、封底页的制作。

12.2　任务实施

本任务主要使用 PowerPoint 中的母版，结合前面学习的图文混排来完成，具体操作步骤
如下。

12.2.1　认识幻灯片母版

母版的使用的具体方法与步骤如下。

（1）执行"开始"→"PowerPoint 2016"命令启动 PowerPoint
2016，新创建一个演示文稿文档，命名为"易百米快递 – 创业案例介绍 –
模板 .pptx"。选择"设计"选项卡，在"设计"组中单击"幻灯片大小"
按钮，弹出"幻灯片大小"对话框，在"幻灯片大小"中选择"自定义"，
设置宽度为"33.86 厘米"，高度为"19.05 厘米"。

微课视频

认识母版

（2）选择"视图"选项卡，在"母版视图"组中单击"幻灯片母版"
按钮，如图 12-2 所示。

图 12-2　单击"幻灯片母版"

（3）系统会自动切换到"幻灯片母版"选项卡，如图 12-3 所示。

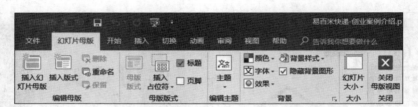

图 12-3　"幻灯片母版"选项卡

（4）PowerPoint 2016 中提供了多种样式的母版，包括默认设计模板、标题幻灯片模板、标题和内容模板、节标题模板等，如图 12-4 所示。

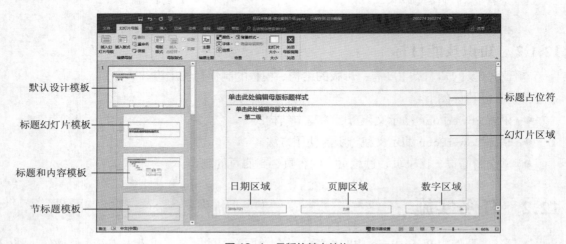

图 12-4　母版的基本结构

（5）选择"默认设计模板"，在幻灯片区域中单击鼠标右键，弹出快捷菜单，如图 12-5 所示，执行"设置背景格式"命令，弹出"设置背景格式"窗格，选择"填充"选项，选择"渐变填充"选项，设置渐变类型为"线性"，方向为"线性向上"，角度为"270°"，渐变光圈为浅灰色向白色过渡，如图 12-6 所示。

图 12-5　右键快捷菜单

图 12-6　设置背景格式

Office 2016办公软件高级应用任务式教程（微课版）

（6）此时，整个母版的背景色都变成自上而下从白色到浅灰色的渐变色了。

12.2.2　封面页幻灯片模板的制作

本页面主要采用上下结构的布局，制作方法如下。

（1）选择"标题幻灯片模板"，在"幻灯片母版"选项卡中单击"背景样式"按钮（见图12-3），弹出"设置背景格式"窗口，选择"填充"选项，选择"图片或纹理填充"选项，单击"文件"按钮，选择素材文件夹中的"封面背景.jpg"，单击"插入"按钮，页面效果如图12-7所示。

（2）执行"插入"→"形状"→"矩形"命令，绘制一个矩形，设置形状填充为深蓝色（红：6，绿：81，蓝：146），形状轮廓为"无轮廓"，复制一个矩形，然后调整填充色为"橙色"，分别调整两个矩形的高度，页面效果如图12-8所示。

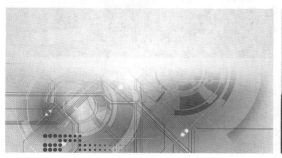

图 12-7　添加背景图片

图 12-8　插入矩形

（3）执行"插入"→"图片"命令，插入素材文件夹中的图"手机.png"和"物流.png"，调整图片的位置，效果如图12-9所示。

（4）执行"插入"→"图片"命令，插入素材文件夹中的图"logo.png"，调整图片的位置，执行"插入"→"文本框"→"横排文本框"命令，插入文本"易百米快递"，设置字体为"方正粗宋简体"，大小为"44"，再插入文本"百米驿站——生活物流平台"，设置字体为"微软雅黑"，大小为"24"，调整位置后页面效果如图12-10所示。

图 12-9　插入图片

图 12-10　插入 logo 与企业名称

（5）切换到"幻灯片母版"选项卡，单击"插入占位符"按钮右侧的"标题"复选框，设置模板的标题字体为"微软雅黑"，文字大小为"88"，标题加粗，颜色为深蓝色，单击"插入占位符"按钮，设置副标题字体为"微软雅黑"，文字大小为"28"，效果如图12-11所示。

（6）执行"插入"→"图片"命令，插入素材文件夹中的电话图标，调整图片的位置，插入文本"全国服务热线：400-0000-000"，设置字体为"微软雅黑"，文字大小为"20"，颜色为"白色"，效果如图 12-12 所示。

（7）切换到"幻灯片母版"选项卡，单击"关闭母版视图"按钮，在"普通视图"下，单击占位符"单击此处添加标题"后，输入"创业案例介绍"，单击占位符"单击此处添加副标题"，输入"汇报人：刘经理"，此时的效果如图 12-1（a）所示。

图 12-11　插入标题占位符

图 12-12　插入电话图标与电话

12.2.3　目录页幻灯片模板的制作

（1）选择一个新的版式，删除所有占位符，在"幻灯片母版"选项卡中单击"背景样式"按钮（见图 12-3），弹出"设置背景格式"窗口，选择"填充"选项，选择"图片或纹理填充"选项，单击"文件"按钮，选择素材文件夹中的"过渡页背景.jpg"，单击"插入"按钮，执行"插入"→"形状"→"矩形"命令，绘制一个深蓝色矩形，放置在页面最下方，页面效果如图 12-13 所示。

微课视频

目录页幻灯片模板的制作

（2）执行"插入"→"形状"→"矩形"命令，绘制一个矩形，设置形状填充为深蓝色（红：6，绿：81，蓝：146），形状轮廓为"无轮廓"；插入文本"C"，设置颜色为白色，字体为"Bodoni MT Black"，文字大小为"66"；输入文本"ontents"，设置为深灰色，字体为"微软雅黑"，文字大小为"24"；输入文本"目录"，设置颜色为深灰色，字体为"微软雅黑"，文字大小为"44"，调整位置后的效果如图 12-14 所示。

图 12-13　设置背景与蓝色矩形

图 12-14　插入目录标题

（3）执行"插入"→"形状"→"泪滴形"命令，绘制一个泪滴形，设置形状填充为深蓝色（红：6，绿：81，蓝：146），形状轮廓为"无轮廓"，旋转"90"度；执行"插入"→"图片"命令，插入素材文件夹中的图"logo.png"，调整图片的位置；插入文本"企业介绍"，设置颜色为深灰色，字体为"微软雅黑"，文字大小为"40"，调整其位置，效果如图12-15所示。

（4）复制刚刚绘制的泪滴形，设置形状填充为浅绿色；执行"插入"→"图片"命令，插入素材文件夹中的图"图标1.png"，调整图片的位置；插入文本"服务流程"，设置颜色为深灰色，字体为"微软雅黑"，文字大小为"40"，调整其位置，效果如图12-16所示。

图 12-15　插入"企业介绍"

图 12-16　插入"服务流程"

（5）复制刚刚绘制的泪滴形，设置形状填充为橙色；执行"插入"→"图片"命令，插入素材文件夹中的图"图标2.png"，调整图片的位置；插入文本"分析对策"，设置颜色为深灰色，字体为"微软雅黑"，文字大小为"40"，此时的效果如图12-1（b）所示。

12.2.4　过渡页幻灯片模板的制作

过渡页幻灯片模板的制作的具体方法与步骤如下。

（1）选择"节标题模板"，设置背景为素材文件夹中的"过渡页背景.jpg"，执行"插入"→"形状"→"矩形"命令，绘制一个矩形，设置形状填充为深蓝色（红：6，绿：81，蓝：146），形状轮廓为"无轮廓"，复制矩形，调整大小与位置，页面效果如图12-17所示。

（2）执行"插入"→"图片"命令，插入素材文件夹中的图"logo.png"和"礼仪.jpg"，调整图片的位置，页面效果如图12-18所示。

微课视频

过渡页幻灯片模板
的制作

图 12-17　插入矩形　　　　　　　　　图 12-18　插入图片后的效果

179

（3）分别插入文本"Part 1"和"企业介绍"，设置颜色为深灰色，字体为"微软雅黑"，文字大小自行调整，此时的效果如图 12-1（c）所示。

（4）复制过渡页面，制作"服务流程"与"分析对策"两个过渡页面。

12.2.5 内容页幻灯片模板的制作

（1）选择一个普通版式页面，删除所有占位符，执行"插入"→"形状"→"矩形"命令，按住 <Shift> 键绘制一个正方形，设置形状填充为深蓝色（红：6，绿：81，蓝：146），形状轮廓为"无轮廓"，复制正方形，调整大小与位置，页面效果如图 12-19 所示。

（2）勾选"幻灯片母版"中的"标题"复选框，设置标题字体为"方正粗宋简体"，文字大小为36，颜色为深蓝色，页面效果如图 12-20 所示。

微课视频

内容页幻灯片模板的制作

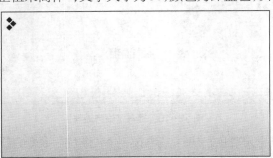

图 12-19　绘制内容页图标

单击此处编辑母版标题样式

图 12-20　插入内容页标题占位符

12.2.6 封底页幻灯片模板的制作

封底页幻灯片模板的制作的具体方法与步骤如下。

（1）选择一个普通版式页面，删除所有占位符，执行"插入"→"图片"命令，插入素材文件夹中的图"商务人士 .png"，调整图片的位置，效果如图 12-21 所示。

（2）执行"插入"→"图片"命令，插入素材文件夹中的图"logo.png"，调整图片的位置；执行"插入"→"文本框"→"横排文本框"命令，插入文本"易百米快递"，设置字体为"方正粗宋简体"，大小为"44"；再插入文本"百米驿站——生活物流平台"，设置字体为"微软雅黑"，大小为"24"，调整位置后页面效果如图 12-22 所示。

微课视频

封底页模板的制作

图 12-21　插入商务人士图片

图 12-22　插入 logo 与标题

（3）插入文本"谢谢观赏"，设置字体为"微软雅黑"，文字大小为"80"，颜色为"深蓝"，设置"加粗"与"文字阴影"效果。

（4）插入文本"期待与您的合作"，设置字体为"微软雅黑"，字体大小为"44"颜色为"深蓝"，设置"文字阴影"效果。

（5）执行"插入"→"图片"命令，插入素材文件夹中的图"电话2.png"，调整图片的位置；插入文本"全国服务热线：400-0000-000"，设置字体为"微软雅黑"，文字大小为"20"，颜色为"深蓝"，此时的效果如图12-1（f）所示。

12.2.7　模板的使用

模板的使用方法与步骤如下。

（1）切换至"幻灯片母版"选项卡，单击"关闭母版视图"，在"普通视图"下，单击占位符"单击此处添加标题"后，输入"创业案例介绍"，单击占位符"单击此处添加副标题"，输入"汇报人：刘经理"，此时的效果就是图12-1中的（a）图的效果。

（2）按 <Enter> 键，会创建一个新页面，默认情况下会是模板中的"目录"模板。

（3）继续按 <Enter> 键，仍然会创建一个新的页面，但仍然是"目录"模板，此时，在页面中单击鼠标右键，弹出快捷菜单，打开"版式"菜单，弹出"Office 主题"，如图12-23所示，默认为"标题和内容"，此处选择"节标题"即可完成版式的修改。

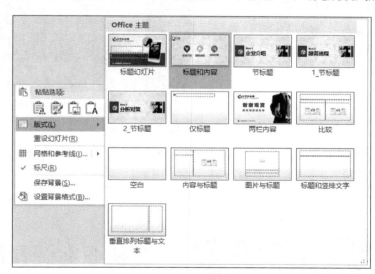

图 12-23　版式的修改

（4）采用同样的方法可添加本任务的所有页面，然后根据实际需要制作所需的页面即可。

12.3　任务小结

通过易百米公司创业案例介绍演示文稿的制作，基本全面地讲解了模板的应用。模板对PPT来讲就是它的外包装，对于一个PPT的模板而言至少需要3个子版式：封面版式、目录或过渡版式、内容版式。封面版式主要用于 PPT 的封面，过渡版式主要用于章节封面，内容版式主要用于 PPT 的内容页面。其中封面版式与内容版式一般都是必需的，而较短的 PPT 可以不设计过渡页面。

12.4 经验技巧

12.4.1 封面页模板设计技巧

封面是浏览者第一眼看到的 PPT 的页面，会留给观众第一印象。通常情况下，封面页主要起到突出主题的作用，具体包括标题、作者、公司、时间等信息，不必过于花哨。

微课视频

封面页模板设计

PPT 的封面主要包括文本型和图文并茂型。

1．文本型

如果没有搜索到合适的图片，仅仅通过文字的排版也可以制作出效果不错的封面，为了防止页面单调，可以使用渐变色作为封面的背景，如图 12-24 所示。

（a）单色背景 （b）渐变色背景

图 12-24　文本型封面 1

除了文本，也可以使用色块来作衬托，凸显标题内容，注意在色块交接处使用线条调和界面，这样能使界面更加协调，如图 12-25 所示。

（a）色块作为背景 （b）彩色条分割

图 12-25　文本型封面 2

通常也可以使用不规则图形来打破静态的布局，获得动感，如图 12-26 所示。

（a）不规则色块结合 1 　　　　　　　　　（b）不规则色块结合 2

图 12-26　文本型封面 3

2．图文并茂型

图片的运用能使界面更加清晰，使用小图能使画面比较吸引人，引起观众的注意，当然要求图片的使用一定要切题，这样能迅速抓住观众，能突出汇报的重点，如图 12-27 所示。

（a）小图与文本的搭配 1 　　　　　　　　　（b）小图与文本的搭配 2

图 12-27　图文并茂型封面 1

当然，也可以使用半图的方式来制作封面，具体方法是把一张大图裁切成不同样式，大图能够带来不错的视觉冲击力，因此没有必要使用复杂的图形装点页面，如图 12-28 所示。

（a）半图 PPT 的效果 1 　　　　　　　　　（b）半图 PPT 的效果 2

图 12-28　图文并茂型封面 2

（c）半图 PPT 的效果 3

（d）半图 PPT 的效果 4

图 12-28　图文并茂型封面 2（续）

　　最后，介绍一下借助全图来制作全图型封面的方法。全图封面就是将图片铺满整个页面，然后把文本放置到图片上，重点是突出文本。可以修改图片的亮度，局部虚化图片。也可以在图片上添加半透明或者不透明的形状作为背景，通过衬托使文字更加清晰。

　　使用以上方法制作的全图 PPT 封面如图 12-29 所示。

（a）全图 PPT 的效果 1

（b）全图 PPT 的效果 2

（c）全图 PPT 的效果 3

（d）全图 PPT 的效果 4

图 12-29　图文并茂型封面 3

12.4.2　导航页面设计技巧

　　PPT 的导航系统的作用是展示演示的进度，使观众能清晰把握整个 PPT 的脉络，使演示者能清晰把握整个汇报的节奏。对于较短的 PPT 来讲，可以不设置导航系统，但认真设计内容是很重要的，要使整个演示的节奏紧凑，脉络清晰。为较长的 PPT 设计逻辑结构清晰的

微课视频

导航页模板设计

导航系统是很有必要的。

通常 PPT 的导航系统主要包括目录页、过渡页，此外，还可以设计页码与进度条。

1．目录页

设计 PPT 目录页的目的是让观众全面清晰地了解整个 PPT 的架构。因此，好的 PPT 就是要一目了然地将架构呈现出来。实现这一目的的核心就是将目录内容与逻辑图示高度融合。

传统的目录设计主要运用图形与文字的组合，如图 12-30 所示。

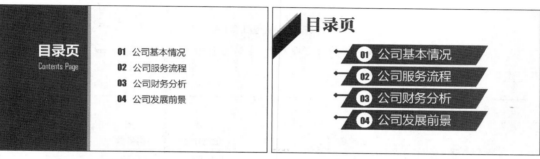

（a）图形与文本组合 1　　　　　　　　　　　（b）图形与文本组合 2

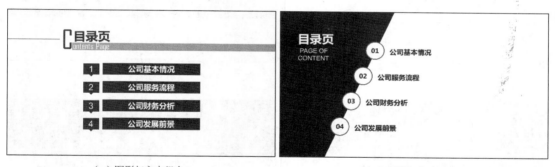

（c）图形与文本组合 3　　　　　　　　　　　（d）图形与文本组合 4

图 12-30　传统型目录

图文混合型的目录主要采用一幅图片配一行文本的方式，如图 12-31 所示。

（a）图片与文字组合 1　　　　　　　　　　　（b）图片与文字组合 2

图 12-31　图文型目录

（c）图片与文字组合 3　　　　　　　（d）图片与文字组合 4

图 12-31　图文型目录（续）

　　综合型目录充分考虑整个 PPT 的风格与特点来设计 PPT，将页面、色块、图片、图形等元素综合应用，如图 12-32 所示。

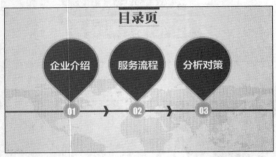

（a）效果 1

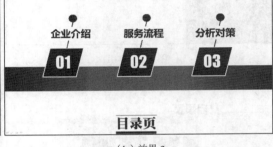

（b）效果 2

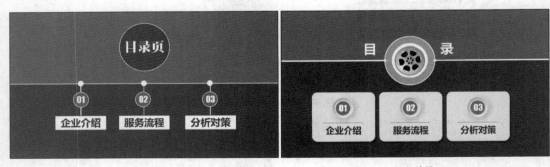

（c）效果 3　　　　　　　　　　　　（d）效果 4

图 12-32　综合型目录

2．过渡页

　　过渡页的核心目的在于提醒观众新的篇章开始，告知整个演示的进度，有助于观众集中注意力，起到承上启下的作用。

　　过渡页应尽量与目录页在颜色、字体、布局等方面保持一致，局部布局可以有所变化。如果过渡页面与目录页面一致的话，可以在页面的饱和度上变化，例如，当前演示的部分使用彩色，不演示的部分使用灰色。也可以独立设计过渡页，如图 12-33 所示。

（a）标题文字以颜色区分

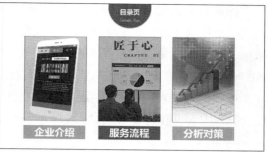

（b）图片以色彩区分

（c）单独页面设计 1

（d）单独页面设计 2

图 12-33　转场页设计

3．导航条设计

导航条的主要作用在于让观众了解演示进度。较短的 PPT 不需要导航条，只有在演示较长的 PPT 时才需要导航条。导航条的设计非常灵活，可以放在页面的顶部，也可以放在页面的底部，当然放到页面的两侧也可以。

在表现方式方面，导航条可以使用文本、数字或者图片等元素表现，导航条的页面效果如图 12-34 所示。

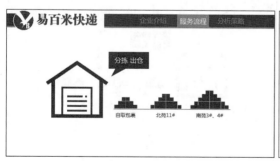

（a）文本颜色衬托导航 1

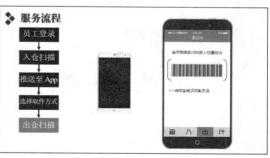

（b）文本颜色衬托导航 2

图 12-34　导航条设计

12.4.3　内容页设计技巧

内容的结构包括标题与正文两个部分。标题栏是展示 PPT 标题的地方，标题表达信息更快、更准确。内容页的标题一般要放在固定、醒目的位置，这样能显得严谨一些。

标题栏一定要简约、大气，最好能够具有设计感或商务风格，标题栏上相同级别标题的字体和位置要保持一致，不要把逻辑弄混。依据大家的浏览习惯，大多数的标题都放在屏幕的上方。内容区域是PPT上放置内容的区域，通常情况下，内容区域就是PPT本身。

标题的常规表现形式有图标提示、点式、线式、图形、图片图形混合等，内容页面效果如图12-35所示。

微课视频

内容页模板设计

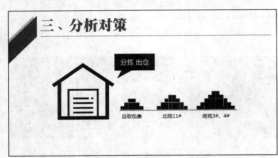

（a）图标提示

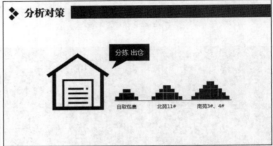

（b）点式

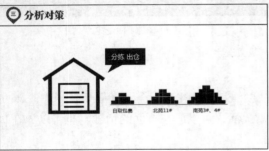

（c）线式　　　　　　　　　　　（d）图形

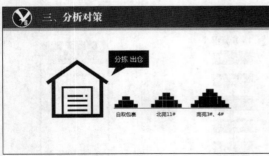

（e）图片图形结合1　　　　　　　（f）图片图形结合2

图12-35　内容模板标题栏

12.4.4　封底页设计技巧

封底通常用来表达感谢和保留作者信息，为了保持PPT整体风格统一，设计与制作封底是有必要的。

封底和封面可以保持风格一致，尤其是在颜色、字体、布局等

微课视频

封底页模板设计

方面要和封面保持一致，封底使用的图片也要与 PPT 主题保持一致。 如果觉得设计封底太麻烦，可以在封面的基础上进行修改，但是难免有偷懒之嫌。封底的页面效果如图 12-36 所示。

（a）效果 1

（b）效果 2

（c）效果 3

（d）效果 4

图 12-36　封底页面设计

12.5　拓展训练

以"天猫 618 迎战宝典——爆仓货品库存管理优化"为标题进行信息化教学设计，要求采用主副标题的设计，设计基于封面、目录、过渡页、封底等页面模板。最终效果如图 12-37 所示。

（a）封面

（b）目录

图 12-37　天猫 618 迎战宝典——爆仓货品库存管理优化 1

（c）课程整合

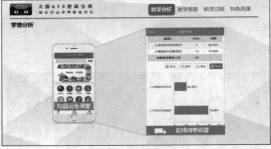

（d）学情分析

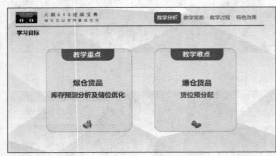

（e）重点难点

（f）教学过程

图 12-37　天猫 618 迎战宝典——爆仓货品库存管理优化 1（续）

教学过程依据图 12-37 中的（f）图的教学过程逻辑，通过一页展示课前教学环节，依次展示课中的师生互动、重点解决等环节，最后是课后拓展"演练学"，整个设计结束是特色与封底页，界面设计如图 12-38 所示。

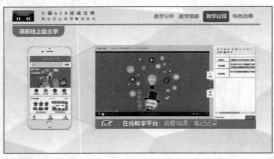

（a）课前线上自学

（b）课中师生互动

（c）课中重点解决

（d）课后拓展演练

图 12-38　天猫 618 迎战宝典——爆仓货品库存管理优化 2

（e）成效特色展示

（f）封底

图 12-38　天猫 618 迎战宝典——爆仓货品库存管理优化 2（续）

CHAPTER 13

任务 13
汽车行业数据图表演示文稿制作

13.1 任务简介

13.1.1 任务要求与效果展示

已统计整理了 2017 年度的中国汽车数据，要求依据部分文档内容制作关于中国汽车权威数据发布演示文稿。本任务文本可参考素材文件夹中的"2017 年度中国汽车权威数据发布 .docx"。核心内容如下。

微课视频

任务介绍

任务标题：2017 年度中国汽车权威数据发布

声明：不对数据准确性解释，仅供教学任务使用

驾驶私家车已经成为很多人的日常出行方式，但城市中机动车的快速增加也带来不少问题，不少地方都在酝酿实施相关的限制措施。那么，全国机动车的保有量到底有多少？其中私家车又有多少？公安部交管局日前公布的数据显示，截至 2017 年底，全国机动车保有量达 2.79 亿辆，其中汽车 1.72 亿辆，汽车新注册量和年增量均达历史最高水平，如表 13-1 所示。

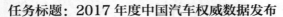

表 13-1　近五年私家车保有量情况（单位：万辆）

2013年	2014 年	2015 年	2016 年	2017 年
5 814	7 222	8 807	10 599	12 345
近五年机动车驾驶人数数量情况（单位：万人）				
2013 年	2014 年	2015 年	2016 年	2017 年
23 562	26 122	27 912	30 209	32 737

私家车到底有多少？

2017 年，以个人名义登记的小型载客汽车（私家车）超 1.23 亿辆，比 2016 年增加了 1 746 万辆。全国平均每百户家庭拥有 31 辆私家车。北京、成都、深圳等大城市每百户家庭拥有私家车超过 60 辆。

今年新增汽车多少？

2017 年，新注册登记的汽车达 2 385 万辆，保有量净增 1 781 万辆，均为历史最高水平。近五年来，汽车占机动车比例从 47.06% 提高到 61.82%，民众机动化出行方式经历了从摩托车到汽车的转变。

新能源车有多少？

近来，很多地方都在大力发展新能源汽车，不仅购车提供补贴，同时在上牌方面也提供诸多便利。2017年，新能源汽车保有量达58.32万辆，比2016年增长169.48%，其中，纯电动汽车保有量33.2万辆，比2016年增长317.06%。

多少城市汽车保有量超百万？

全国有40个城市的汽车保有量超百万辆，其中北京、成都、深圳、上海、重庆、天津、苏州、郑州、杭州、广州、西安11个城市汽车保有量超过200万辆，如表13-2所示。

表13-2 汽车保有量超过200万的城市（单位：万辆）

北京	成都	深圳	上海	重庆	天津	苏州	郑州	杭州	广州	西安
535	366	315	284	279	273	269	239	224	224	219

驾驶员有多少？

与机动车保有量快速增长相适应，机动车驾驶员数量也呈现大幅增长趋势，近五年年均增量达2 299万人。2017年，全国机动车驾驶员数量超3.2亿人，汽车驾驶员2.8亿人，占驾驶员总量的85.63%，全年新增汽车驾驶员3 375万人。

从驾驶员驾龄看，驾龄不满1年的驾驶人3 613万人，占驾驶员总数的11.04%。春节将至，全国交通将迎来高峰。公安部交管局提醒低驾龄（1年以下）驾驶员驾车出行要谨慎，按规定悬挂"实习"标志。

男性驾驶员2.4亿人，占74.29%，女性驾驶员8 415万人，占25.71%，与2016年相比提高了2.23个百分点。

最终效果如图13-1所示。

（a）封面

（b）目录

（c）过渡页

（d）内容页1

图13-1 任务最终效果

（e）内容页 2

（f）封底

图 13-1 任务最终效果（续）

13.1.2 知识技能目标

本任务涉及的知识点主要有：添加图表、编辑及美化图表、添加表格、编辑表格。知识技能目标如下。

- 能使用 PowerPoint 中的表格来展示数据。
- 能使用 PowerPoint 中的图表来展示数据。
- 掌握用 PowerPoint 中的图表表现数据的方法与技巧。

13.2 任务实施

本任务主要使用 PowerPoint 中的图表与表格、艺术字等，具体操作步骤如下。

13.2.1 任务分析

在中国汽车爱好者协会发布的数据中，可以看出本演示文稿主要想介绍 5 个方面的内容。

（1）私家车到底有多少？

（2）今年新增汽车多少？

（3）新能源车有多少？

（4）多少城市汽车保有量超百万？

（5）驾驶员有多少？

第一，"私家车到底有多少？"的内容可以采用绘制图形的方式表现，例如，绘制小车的图形，表达 2013—2017 年汽车的数量变化。

第二，"今年新增汽车多少？"的内容可以采用绘制图形并与文本结合的方式去表现，例如，使用圆圈的大小表示数量的多少。

第三，"新能源车有多少？"的内容可以采用"数据表"的形式表现，例如，主要表现 2017 年新能源汽车保有量达 58.32 万辆，比 2016 年增长 169.48%，其中，纯电动汽车保有量为 33.2 万辆，比 2016 年增长 317.06%。

第四，"多少城市汽车保有量超百万？"的内容可以采用数据表格的形式表现，也可以采用数据图表的形式表现。

第五，对于"驾驶员有多少？"的内容，男女驾驶员的比例可以采用饼图来表现，也可以绘制圆形来表现。近五年机动车驾驶人数量情况可以采用人物的卡通图标来表现，例如身高代表多少等等。

13.2.2　封面与封底的制作

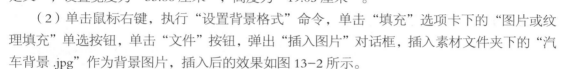

经过设计，整个页面的封面与封底页面相似，选择汽车作为背景图片，然后在汽车上方放文本的标题、发布信息的单位信息。具体制作过程如下。

（1）启动"PowerPoint 2016"软件，新建一个 PPT 文档，命名为"2017 年度中国汽车权威数据发布 .pptx"，选择"设计"选项卡，在"设计"组中单击"幻灯片大小"按钮，弹出"幻灯片大小"对话框，在"幻灯片大小"中选择"自定义"，设置宽度为"33.86 厘米"，高度为"19.05 厘米"。

（2）单击鼠标右键，执行"设置背景格式"命令，单击"填充"选项卡下的"图片或纹理填充"单选按钮，单击"文件"按钮，弹出"插入图片"对话框，插入素材文件夹下的"汽车背景 .jpg"作为背景图片，插入后的效果如图 13-2 所示。

（3）执行"插入"→"文本框"→"横排文本框"命令，输入文本"2017 年度中国汽车权威数据发布"，选中文本，设置文本字体为"微软雅黑"，颜色为"白色"，文字大小为"60"，调整文本框的大小与位置。

（4）执行"插入"→"形状"→"矩形"命令，绘制一个矩形，为矩形填充"橙色"，边框设置为"无边框"，选择矩形，单击鼠标右键，执行"编辑文字"命令，输入文本"发布单位"，设置文字为白色，字体为"微软雅黑"，文字大小为 20，水平居中对齐，调整位置后页面如图 13-3 所示。

图 13-2　设置背景图片的效果

图 13-3　插入文本与矩形后的效果

（5）复制刚刚绘制的矩形，设置背景颜色为土黄色，修改文本内容为"中国汽车爱好者协会"调整位置后，效果如图 13-1 中的（a）图所示。

（6）复制 PPT 封面页面，修改"2017 年度中国汽车权威数据发布"为"谢谢大家！"，然后调整位置，封底页面就制作完成了。

13.2.3　目录页的制作

1．目录页面效果实现方法分析

本页面设计采用左右结构，左侧制作一个汽车的仪表盘，形象地表现汽车这个主体，右側绘制图像，反映要讲解的 5 个方面的内容，设计示意图如图 13-4 所示。

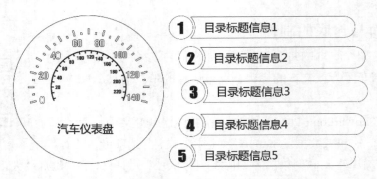

图 13-4　目录页面示意图

2．目录页面左侧仪表盘制作过程

目录页面左侧仪表盘制作的具体方法与步骤如下。

微课视频

目录页的制作

（1）按 <Enter> 键，新创建一页幻灯片，单击鼠标右键，执行"设置背景格式"命令，单击"填充"选项卡下的"图片或纹理填充"单选按钮，单击"文件"按钮，弹出"插入图片"对话框，插入素材文件夹下的"背景图片 .jpg"作为图片背景。

（2）执行"插入"→"形状"→"椭圆"命令，按住 <Shift> 键绘制一个圆形，为圆形填充"深灰"，边框设置为"无边框"，调整大小与位置后页面如图 13-5 所示。

（3）执行"插入"→"图片"命令，弹出"插入图片"对话框，选择"表盘 1.png"，单击"插入"按钮，依次插入"表盘 2.png"与"表针 .png"图片，选择绘制的圆形，以及插入的所有图片，执行"开始"→"排列"→"对齐"→"左右居中"命令，使表盘水平方向居中，然后依次选择图片，通过方向键调整其位置。

（4）执行"插入"→"文本框"→"横排文本框"命令，输入文本"目录"，选中文本，设置文本文字大小为 40，字体为"幼圆"，颜色为"橙色"，采用同样的方法插入文本"Contents"，设置文本文字大小为 20，字体为"Arial"，颜色为"橙色"，调整位置，如图 13-6 所示。

图 13-5　插入圆形

图 13-6　插入表盘图片并对齐后的效果

3.目录页面右侧图形的制作过程

目录页面右侧图形制作的具体方法与步骤如下。

（1）执行"插入"→"形状"→"椭圆"命令，按住 <Shift> 键绘制一个圆形，为圆形填充"橙色"，边框设置为"无边框"，调整大小与位置。

（2）执行"插入"→"文本框"→"横排文本框"命令，输入文本"1"，选择文本，设置文本文字大小为36，字体为"Impact"，颜色为"深灰"，把文字放置到橙色的圆形的上方，调整其位置与大小，如图 13-7 所示。

（3）选择橙色圆形与文本，同时按住 <Ctrl> 键与 <Alt> 键，拖曳鼠标复制图形与文本，修改文本内容，创建其他目录项目号，如图 13-8 所示。

图 13-7　所示为插入圆形与文本

图 13-8　复制图形与文本并修改文本

（4）按住 <Shift> 键选择所有形状，切换到"绘图工具 | 格式"选项卡，界面如图 13-9 所示。单击"合并形状"按钮，如图 13-10 所示，选择"剪除"命令即可完成图形与文本的剪除效果。

图 13-9　"格式"选项卡

图 13-10　合并形状选项

（5）执行"插入"→"形状"→"椭圆"命令，按住 <Shift> 键依次绘制两个圆形，执行"插入"→"形状"→"矩形"命令，绘制一个矩形，如图 13-11 所示。

（6）选择右侧的矩形与圆形，执行"开始"→"排列"→"对齐"→"顶端对齐"命令，选择圆形，使其水平向左移动至与矩形重叠，先选择圆形，按住 <Shift> 键，再选择矩形，如图 13-12 所示，执行"新建选项卡"→"形状联合"命令，即可制作出图 13-13 的图形。

（7）选择左侧的圆形与刚刚合并的图形，执行"开始"→"排列"→"对齐"→"上下居中"命令，选择圆形，使其水平向右移动至与矩形重叠，如图 13-14 所示。

图 13-11　绘制所需的图形

图 13-12　选择矩形与右侧圆形

图 13-13　合并后的图形

图 13-14　设置圆形与矩形的位置

（8）先选择合并后的形状，按住 <Shift> 键，再选择左侧圆形，如图 13-15 所示，执行"新建选项卡"→"形状剪除"命令，即可制作出图 13-16 的图形。

图 13-15　选择两个图形

图 13-16　剪除圆形后的效果

（9）调整刚刚绘制的图形的位置，执行"插入"→"文本框"→"横排文本框"命令，输入文本"私家车到底有多少？"，选择文本，设置文本文字大小为 26，字体为"微软雅黑"，颜色为白色，调整其位置，如图 13-17 所示。

（10）依次制作其他的目录选项内容，页面效果如图 13-18 所示。

图 13-17　目录页的选项

图 13-18　添加其他选项后的效果

13.2.4　过渡页的制作

本任务中 5 个过渡页风格相似，主要是设置了背景图片后插入汽车的卡通图形，然后插入数字标题与每个模块的名称。具体制作过程如下。

（1）新创建一页幻灯片，单击鼠标右键，执行"设置背景格式"

微课视频

过渡页面的制作

命令，单击"填充"选项卡下的"图片或纹理填充"单选按钮，单击"文件"按钮，弹出"插入图片"对话框，插入素材文件夹下的"背景图片.jpg"作为图片背景。

（2）执行"插入"→"图片"命令，弹出"插入图片"对话框，选择"卡通汽车形象.png"，单击"插入"按钮，调整位置，使其水平居中，在整个幻灯片的中央，如图 13-19 所示。

（3）执行"插入"→"形状"→"椭圆"命令，按住 <Shift> 键绘制一个圆形，为圆形填充"橙色"，边框设置为"无边框"，调整大小与位置。

（4）执行"插入"→"文本框"→"横排文本框"命令，输入文本"1"，选择文本，设置文本文字大小为 36，字体为"Impact"，颜色为"深灰"，把文字放置到橙色的圆形的上方，调整其位置与大小，如图 13-20 所示。

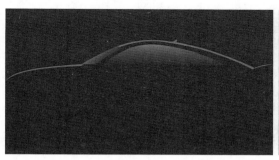

图 13-19　插入卡通汽车形象图片

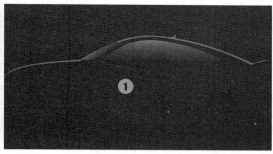

图 13-20　插入标题序号

（5）执行"插入"→"文本框"→"横排文本框"命令，输入文本"私家车到底有多少？"，选择文本，设置文本文字大小为 50，字体为"微软雅黑"，颜色为"深灰"，把文字放置到橙色的圆形的上方，调整其位置与大小，如图 13-1（c）所示。

13.2.5　数据图表页面的制作

1．内容页：私家车到底有多少？

内容信息：2017 年，以个人名义登记的小型载客汽车（私家车）超 1.23 亿辆，比 2016 年增加了 1 746 万辆。全国平均每百户家庭拥有 31 辆私家车。北京、成都、深圳等大城市每百户家庭拥有私家车超过 60 辆。

微课视频

使用图像表达
数据表

信息重点为"2017 年，以个人名义登记的小型载客汽车（私家车）超 1.23 亿辆，比 2016 年增加了 1 746 万辆。"，核心是：2016 年私家车约 1.05 亿辆，2017 年超 1.23 亿辆，2017 年比 2016 年增加了 1 746 万辆。

可以用插入图片的方式来表现数量的变化，制作步骤如下。

（1）按 <Enter> 键，新创建一页幻灯片，单击鼠标右键，执行"设置背景格式"命令，单击"填充"选项卡下的"图片或纹理填充"单选按钮，单击"文件"按钮，弹出"插入图片"对话框，插入素材文件夹下的"内容背景.jpg"作为图片背景。

（2）执行"插入"→"图片"命令，弹出"插入图片"对话框，选择"汽车轮子.png"，单击"插入"按钮，调整位置。

（3）执行"插入"→"文本框"→"横排文本框"命令，输入文本"1.私家车到底有多少？"，选择文本，设置文本文字大小为"36"，字体为"微软雅黑"，颜色为"橙色"，把文字放置到汽车轮子图片的右侧，调整其位置。

（4）执行"插入"→"图片"命令，弹出"插入图片"对话框，选择"汽车1.png"，单击"插入"按钮，复制6张汽车图片，设定第1张与第7张汽车图片的位置，执行"开始"→"排列"→"对齐"→"横向分布"命令，插入"2016年"与"1.05亿辆"文本，设置字体为"微软雅黑"，颜色为橙色，如图13-21所示。

（5）采用同样的方法插入2017年汽车的数量信息，添加9张汽车图片（"汽车2.png"），页面效果如图13-22所示。

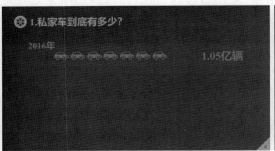
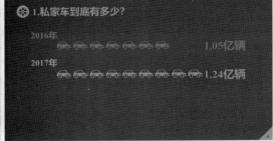

图13-21　插入2016年的汽车图表信息后的效果　　图13-22　插入2017年的汽车图表信息后的效果

（6）执行"插入"→"形状"→"直线"命令，按住<Shift>键绘制一条水平直线，设置直线的样式为虚线，颜色为白色。执行"插入"→"文本框"→"横排文本框"命令，插入相应的文本，将数字设置为橙色，本页制作完成。

2. 内容页：今年新增汽车多少？

内容信息：自2013年开始每年的新增加汽车数量的统计信息为：2013年新增加5 814万辆，2014年新增加7 222万辆，2015年新增加8 807万辆，2016年新增加10 599万辆，2017年新增加12 345万辆。

微课视频

使用图形表达数据表

这组数据可以采用绘制图形的方式表现，例如采用圆形表现，圆形的大小表示数量的多少，主要定性地反映数据变化。制作步骤如下。

（1）按<Enter>键，新创建一页幻灯片，执行"插入"→"形状"→"椭圆"命令，按住<Shift>键绘制一个圆形，为圆形填充"橙色"，边框设置为"无边框"，调整大小与位置。

（2）执行"插入"→"文本框"→"横排文本框"命令，输入文本"5814"，选择文本，设置文本文字大小为32；字体为"微软雅黑"，颜色为"白色"，把文字放置到橙色的圆形的上方，调整其位置与大小，用同样的方法插入文本"2013年"，如图13-23所示。

（3）用同样的方法插入2014、2015、2016、2017年的数据，但是需要把作为背景的圆形逐渐放大，如图13-24所示。

图 13-23 插入 2013 年的汽车增长数据

图 13-24 插入连续 5 年的汽车增长数据

（4）采用同样的方法插入幻灯片所需的文本内容与线条即可。

3．内容页：新能源车有多少?

内容信息：近来，很多地方都在大力发展新能源汽车，不仅购车提供补贴，同时在上牌方面也提供诸多便利。2017 年，新能源汽车保有量达 58.32 万辆，比 2016 年增长 169.48%，其中，纯电动汽车保有量 33.2 万辆，比 2016 年增长 317.06%。

信息重点为"2017 年，新能源汽车保有量达 58.32 万辆，比 2016 年增长 169.48%，其中，纯电动汽车保有量 33.2 万辆，比 2016 年增长 317.06%。"，核心是：第一，新能源汽车 2017 保有量达 58.32 万辆，比 2016 年增长 169.48%；第二，纯电动汽车保有量为 33.2 万辆，比 2016 年增长 317.06%。

可以用插入柱状表的方式来表现数量的变化，制作步骤如下。

（1）执行"插入"→"图表"命令，在弹出的"插入图表"对话框中选择"柱状图"图表类型，单击"确定"按钮，并在弹出的 Excel 工作表中输入数据，如图 13-25 所示，关闭 Excel 后，数据图表的插入就完成了，如图 13-26 所示。

图 13-25 在 Excel 表中输入数据　　图 13-26 插入柱状图后的效果

（2）选择插入的柱状图，选择标题，按 <Delete> 键删除标题，同样，选择网格线，将其删除，选择纵向坐标轴，将其删除，选择图例，将其删除，页面效果如图 13-27 所示。

（3）选择插入的柱状图，执行"设计"→"添加图标元素"→"数据标签"→"其他数据标签选项"命令，设置数据标签文字颜色为白色，选择横向坐标轴，设置其文字颜色为白色，页面效果如图 13-28 所示。

（4）选择插入的柱状图中 2016 年的深灰色块状图标，单击鼠标右键，执行"设置数据系列格式"命令，设置"系列重叠"为"30%"，"间隙宽度"为"50%"，设置界面如图 13-29 所示，设置后页面效果如图 13-30 所示。

图 13-27　删除标题、坐标轴等后的效果

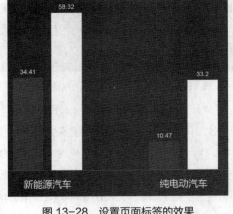

图 13-28　设置页面标签的效果

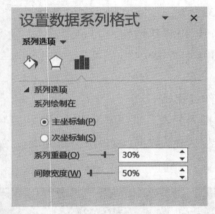

图 13-29　设置系列选项

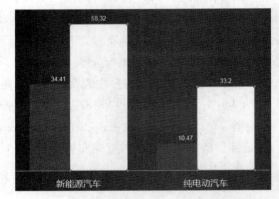

图 13-30　设置系列重叠与间隙宽度后的效果

（5）在"设置数据系列格式"面板中，切换至"填充"选项卡，设置 2016 年的数据为"金色"，设置 2017 年的数据为"橙色"，设置界面如图 13-31 所示，设置后页面效果如图 13-32 所示。

图 13-31　设置填充选项

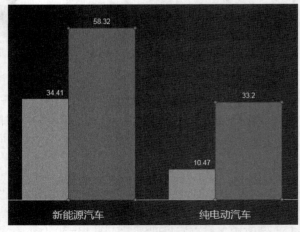

图 13-32　设置填充后的效果

（6）最后，添加竖线与相关文本。

4. 内容页：多少城市汽车保有量超百万？

内容信息：全国有 40 个城市的汽车保有量超百万辆，其中北京、成都、深圳、上海、重庆、天津、苏州、郑州、杭州、广州、西安 11 个城市汽车保有量超过 200 万辆。

微课视频

使用表格表示数据

汽车保有量超过 200 万的城市（单位：万辆）										
北京	成都	深圳	上海	重庆	天津	苏州	郑州	杭州	广州	西安
535	366	315	284	279	273	269	239	224	224	219

本页面可以直接采用插入表格的方式来制作，插入表格后，设置表格的相关属性即可，具体方法如下。

（1）执行"插入"→"表格"→"插入表格"命令，在弹出"插入表格"对话框中输入列数"12"、行数"2"，单击"确定"按钮。

（2）执行"表格工具"→"设计"→"绘图边框"→"绘制表格"命令，设置笔触颜色为黑色，粗细为 1 磅，执行"边框"→"所有边框"命令。

（3）选择第 1 行的所有单元格，设置背景颜色为橙色，选择第 2 行的所有单元格，设置背景颜色为浅灰色，输入相关数据后的页面效果如图 13-33 所示。

数量：万

城市	北京	成都	深圳	上海	重庆	天津	苏州	郑州	杭州	广州	西安
数量	535	366	315	284	279	273	269	239	224	224	219

图 13-33　插入表格并设置样式后的效果

如果制作柱状图的话，方法与"新能源车有多少？"页面类似，页面效果与图 13-30 类似。当然，大家也可以进行绘制。

5. 内容页：驾驶员有多少？

内容信息：男性驾驶人 2.4 亿人，占 74.29%，女性驾驶人 8 415 万人，占 25.71%，与 2016 年相比提高了 2.23 个百分点。

微课视频

饼状图的应用

本页面重点反映了驾驶员中的男女比例，采用饼图表现的方式较好。制作步骤如下。

（1）执行"插入"→"图表"命令，在弹出的"插入图表"对话框中选择"饼图"图表类型，如图 13-34 所示，并在弹出的 Excel 工作表中输入数据，如图 13-35 所示，关闭 Excel 后，数据图表的插入就完成了，效果如图 13-36 所示。

（2）选择插入的饼图，单击鼠标右键，执行"设置数据系列格式"命令，设置"第一扇区起始角度"为 315 度，设置后页面效果如图 13-37 所示。

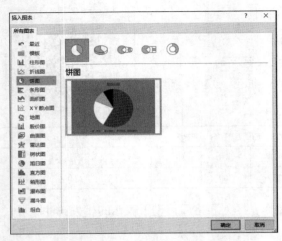

图 13-34　"插入图表"对话框

图 13-35　在 Excel 表中输入数据

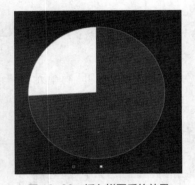

图 13-36　插入饼图后的效果

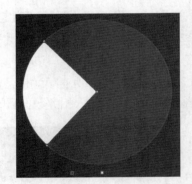

图 13-37　设置第一扇区的起始角度后的效果

（3）选择标题，按 <Delete> 键将其删除，选择图例，将其删除。

（4）选择左侧的白色区域，按住鼠标左键将其向左移动一点，执行"设置数据系列格式"命令，切换至"填充"选项卡，设置"填充"颜色为"金色"，设置"边框"为"橙色"，选择右侧深灰色的扇形，把边框与填充都设置为"橙色"，页面效果如图 13-38 所示，添加白色标签后的效果如图 13-39 所示。

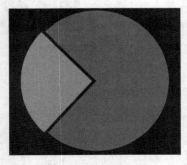

图 13-38　设置填充颜色

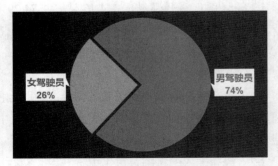

图 13-39　添加数据标签后的效果

（5）为了更加直观，插入两幅图片来表现女驾驶员与男驾驶员，页面效果如图 13-40 所示。

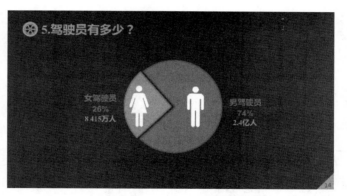

图 13-40　男女驾驶员比例最终效果

13.3　任务小结

通过数据图表 PPT 的制作，讲解了在 PowerPoint 中制作图表和编辑图表、插入表格等操作，介绍了数据统计的操作与应用。

13.4　经验技巧

13.4.1　表格的应用技巧

1. 运用表格设计封面

运用插入表格的方式设计 PPT 的封面页面，效果如图 13-41 所示。

（a）以表格为框架，使用纯文本与边框线条的封面　　　（b）应用表格的边框线条，与背景图、文本结合的封面

（c）应用表格的边框线条，与小背景图、文本结合的封面　　　（d）以表格作为边框的封面

图 13-41　运用表格设计封面

本例主要对表格进行了颜色填充，运用图片作为背景，插入图 13-41 中（b）图的背景图片时，需要选择表格，然后单击鼠标右键，执行"设置形状格式"命令，在"设置形状格式"面板中选择"图片或纹理填充"，单击"文件"按钮后选择所需图片，单击"插入"按钮即可，注意勾选"将图片平铺为纹理"。

2．运用表格设计目录

运用插入表格的方式设计 PPT 的目录页面，效果如图 13-42 所示。

（a）以表格为框架的左右结构的目录 1

（b）以表格为框架的左右结构的目录 2

（c）以表格为框架的上下结构的目录 1

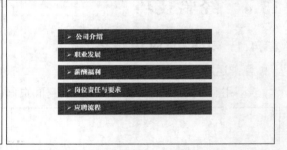

（d）以表格为框架的上下结构的目录 2

图 13-42　运用表格设计目录

3．运用表格进行常规设计

运用插入表格的方式可以进行 PPT 的内容页面的常规设计，如图 13-43 所示。

（a）数据的展示 1

（b）数据的展示 1

图 13-43　运用表格进行常规设计

（c）表格的样式 1　　　　　　　　　　（d）表格的样式 2

图 13-43　运用表格进行常规设计（续）

13.4.2　绘制自选图形的技巧

在制作演示文稿的过程中，对于一些具有说明性的图形内容，用户可以在幻灯片中插入自选图形，并根据需要对其进行编辑，从而使幻灯片达到图文并茂的效果。PowerPoint 2016 中提供的自选形状包括线条、矩形、基本形状、箭头、公式形状、流程图、星与旗帜和标注等。下面以"易百米快递——创业案例介绍"为例，充分利用绘制的自选图形来制作一套模板，页面效果如图 13-44 所示。

（a）封面页　　　　　　　　　　　　　（b）目录页

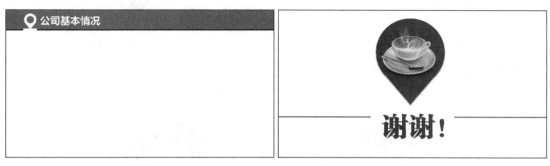

（c）内容页　　　　　　　　　　　　　（d）封底页

图 13-44　易百米快递——创业案例介绍模板

通过对图 13-44 进行分析，可知该模板主要用了自选图形，例如矩形、泪滴形、任意多边形等，还用了图形的"合并形状"功能。

1. 绘制泪滴形

图 13-44 中的封面、内容页、封底都使用了泪滴形，具体绘制方式如下。

单击"插入"选项卡，单击选项卡中的"形状"按钮，选择"基本形状"中的"泪滴形"选项，如图 13-45 所示，在页面中拖动鼠标绘制一个泪滴形，如图 13-46 所示。

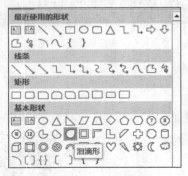

图 13-45　插入泪滴形

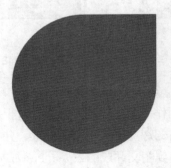

图 13-46　插入泪滴形后的效果

选择绘制的泪滴形，设置图形的格式，为图形填充图片（素材文件夹下的"封面图片.jpg"），效果如图 13-47 所示。

PPT 封底页中的泪滴形的制作思路为：选择绘制的泪滴形，将其旋转 90 度，然后插入图片，放置在泪滴图形的上方，效果如图 13-48 所示。

图 13-47　封面中的泪滴形效果

图 13-48　封底页面中的泪滴形效果

2. 图形的"合并形状"功能

图 13-44 中的内容页的空心泪滴形的设计示意图如图 13-49 所示。

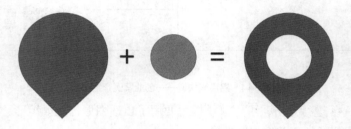

图 13-49　空心泪滴形图形绘制方法的示意图

图 13-49 中的图形的绘制思路是，先绘制一个泪滴形，然后绘制一个圆形，将圆形放置

在泪滴形的上方，然后调整位置，使用鼠标先选择泪滴形，然后选择圆形，如图 13-50 所示。

单击"格式"选项卡，单击选项卡中"新建选项卡"中的"合并形状"按钮，执行"剪除"命令（见图 13-51），就可以完成空心泪滴形的绘制。

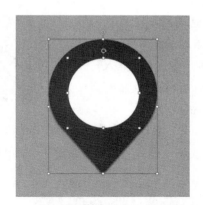

图 13-50　选择两个绘制的图形

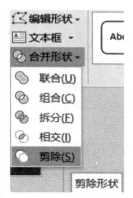

图 13-51　"剪除"命令

此外，大家可以练习使用联合、相交、组合等命令。

3．绘制自选形状

图 13-44 中的目录页面主要使用了图 13-45 中的"任意多边形" （"线条"栏中，倒数第 2 个）图形实现。选择"任意多边形"工具，依次绘制 4 个点，闭合后即可形成四边形，如图 13-52 所示。按照此法一次即可完成目录页中图形的绘制，如图 13-53 所示。

图 13-52　绘制任意多边形

图 13-53　绘制的立体图形效果

在幻灯片中绘制完图形后，大家还可以在所绘制的图形中添加一些文字，说明所绘制的图形，进而诠释幻灯片的含义。

4．对齐多个图形

如果所绘制的图形较多，在文档中显得杂乱无章，用户可以将多个图形对齐显示，这样会使幻灯片整洁干净，对齐多个图形的操作方法如下。

单击选中一个图形，按住 <Shift> 键，依次将所有图形选中，选择"格式"选项卡，单击"排列"组中的"对齐"按钮，在弹出的下拉菜单中选择所需的对齐方式即可。

5．设置叠放次序

在幻灯片中插入多张图片后，用户可以根据排版的需要，对图片的叠放次序进行设置。

可以选择相应的对象，右键单击，在弹出的快捷菜单中选择"置于底层"子菜单项，如果要置顶就选择"置于顶层"子菜单项。

13.4.3 SmartArt 图形的应用技巧

SmartArt 图形是信息和观点的视觉表现形式，通过用不同形式和布局的图形代替枯燥的文字，从而快速、轻松、有效地传达信息。

微课视频

SmartArt 图形的使用

SmartArt 图形在幻灯片中有两种插入方法，一种是直接在"插入"选项卡中单击"SmartArt"按钮；另一种是先用文字占位符或文本框将文字输入，然后再利用转换的方法将文字转换成 SmartArt 图形。

下面以绘制一张循环图为例介绍如何直接插入 SmartArt 图形。

（1）打开需要插入 SmartArt 图形的幻灯片，切换到"插入"选项卡，单击"插图"组中的"SmartArt"按钮，如图 13-54 所示。

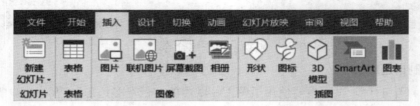

图 13-54 "SmartArt"按钮

（2）在弹出的"选择 SmartArt 图形"对话框的左侧列表中选择"循环"分类，在右侧列表框中选择一种图形样式，这里选择"基本循环"图形，如图 13-55 所示，完成后单击"确定"按钮，插入的"基本循环"图形如图 13-56 所示。

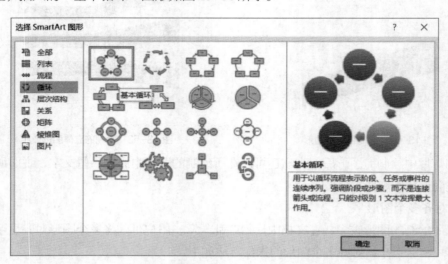

图 13-55 "选择 SmartArt 图形"对话框

注：SmartArt 图形包括了"列表""流程""循环""层次结构""关系"和"棱锥图"等很多类型。

（3）幻灯片中将生成一个结构图，结构图默认由 5 个形状对象组成，大家可以根据实际需要进行调整，如果要删除形状，只需在选中某个形状后按<Delete>键即可，如果要添加形状，则在某个形状上单击鼠标右键，在弹出的快捷菜单中单击"添加形状"菜单下的"在后面添加形状"命令即可。

（4）设置好SmartArt图形的结构后，接下来在每个形状对象中输入相应的文字，最终效果如图13-57所示。

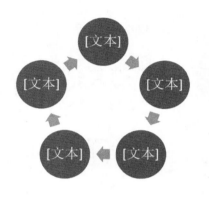

图 13-56　插入的基本循环效果　　图 13-57　输入文本信息后的 SmartArt 图像

13.5　拓展训练

根据以下两段文字，运用PPT的图表制作技巧与方法设计并制作PPT演示文件。

第一段：多点发力 提升师生信息素养

师生信息素养是衡量智慧校园建设成效的一个核心指标。学校以"推进新一代信息技术与教育教学高度融合"为主线，以做好信息化培训与职业技能大赛为抓手，以提升师生"信息意识、信息知识、信息能力、信息道德"为目标，构建起具有校本特色的"一主两抓四提升"的师生信息化素养提升体系。

第二段：多维服务 赋能发展

学校还依托智慧校园科技云与资源库等优势资源，建成各类省级科技服务平台14个，服务区域经济社会发展，助力一二三产转型升级。通过学校省级"面向高效设施农业信息化技术服务平台"，实施数字农业服务乡村振兴行动，带动区域农业增产增收2.3亿元，获省政府农业科技推广奖。通过学校"教学具产业数字化公共技术服务平台""教育装备产业集群服务平台"省级平台，实施服务区域教育装备产业转型升级行动，带动企业增收1.2亿元。通过省级现代服务业（软件产业）发展专项资金项目"浮动车大数据增值服务平台"，实施云计算服务盐化工等产业装备健康与故障预测行动。通过省重点研发计划（社会发展）立项项目大数据融合技术在白马湖保护性开发中的应用与科技示范，服务智慧生态，助力区域经济绿色发展。

最终效果如图13-58所示。

（a）

（b）

图 13-58 依据文字制作的 PPT

CHAPTER 14

任务 14
展示动画制作

14.1　任务简介

14.1.1　任务要求与展示

　　易百米公司公关部小王在完成创业案例介绍的演示文稿后，潘经理非常满意，现在想制作一个手机滑屏的简约、大气的动画，要求小王利用 PowerPoint 2016 的动画功能完成此项工作，效果如图 14-1 所示。

（a）动画场景 1　　　　　　　　　　　　　　　（b）动画场景 2

图 14-1　动画效果图

14.1.2　知识技能目标

　　本任务涉及的知识点主要有：动画的使用，动画衔接、组合与重叠。

　　知识技能目标如下。

- 掌握 PowerPoint 演示文稿中动画的使用。
- 掌握动画衔接、组合与重叠。

14.2　任务实施

　　本任务主要运用路径的动画，动画衔接、组合与重叠等。

　　手机滑屏动画是图片的擦除动画与手的滑动动画的组合效果。大家可以首先实现图片的滑动效果，然后制作手的整个运动动画。

14.2.1 图片滑动动画的制作

图片滑动动画的具体制作步骤如下。

微课视频
手机滑屏动画

（1）启动 "PowerPoint 2016" 软件，新建一个 PPT 文档，命名为 "手机滑屏动画 .pptx"，在 "设计" 组中单击 "幻灯片大小" 按钮，在弹出下拉框中选择 "自定义幻灯片大小" 命令，设置宽度为 "33.86 厘米"，高度为 "19.05 厘米"，设置渐变色作为背景。

（2）执行 "插入" → "图像" 命令，弹出 "插入图片" 对话框，依次选择素材文件夹下的 "手机 .png" "葡萄与葡萄酒 .jpg" 两幅图片，单击 "插入" 按钮，完成图片的插入操作，调整其位置后的效果如图 14-2 所示。

图 14-2 图片的位置与效果

（3）再次执行 "插入" → "图像" 命令，弹出 "插入图片" 对话框，选择素材文件夹下的 "葡萄酒 .jpg" 图片，单击 "插入" 按钮，完成图片的插入操作，调整其位置，将其完全放置在 "葡萄与葡萄酒 .jpg" 图片的上方，效果如图 14-3 所示。

（4）选择上方的图片 "葡萄酒 .jpg"，然后执行 "动画" → "进入" → "擦除" 命令，如图 14-4 所示，设置其动画的 "效果选项" 为 "自右侧"，同时修改动画的开始方式为 "与上一动画同时"，延迟时间为 0.75 秒。可以单击 "预览" 按钮预览动画效果，也可以执行 "幻灯片放映" → "从当前幻灯片开始" 命令预览动画。

图 14-3 图片的位置与效果

图 14-4 "擦除" 命令

14.2.2 手滑动动画的制作

手滑动动画的具体制作步骤如下。

（1）执行"插入"→"图像"命令，弹出"插入图片"对话框，选择素材文件夹下的"手.png"，单击"插入"按钮，完成图片的插入操作，调整其位置后的效果如图 14-5 所示。

手的图片

图 14-5　插入手的图片并调整其位置

（2）选择"手"图片，然后执行"动画"→"进入"→"飞入"命令，设置手的进入动画自底部飞入。但需要注意，单击"预览"按钮预览动画效果时，大家会发现"葡萄酒"的擦除动画执行后，单击鼠标后手才能自屏幕下方出现，显然，两个动画的衔接不合理。

（3）切换至"动画"面板，单击"动画窗格"按钮，弹出"动画窗格"面板，如图 14-6 所示。在"动画"选项卡中设置手的动画为"与上一动画同时"，然后在"动画窗格"面板中选择"图片 1"（"手"）并将其拖动到"图片 4"（"葡萄酒"）的上方，最后，选择"图片 4"（"葡萄酒"）的动画，设置开始方式为"上一动画之后"，调整后的"动画窗格"面板如图 14-7 所示。

图 14-6　调整前的"动画窗格"面板

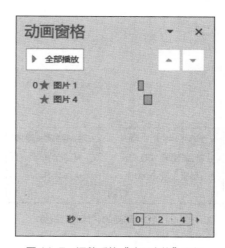

图 14-7　调整后的"动画窗格"面板

（4）选择"手"图片，执行"动画"→"添加动画"→"其他动作路径"命令，弹出"添加动作路径"面板，选择"直线与曲线"下的"向左"按钮，设置动画后的效果如图 14-8 所示，其中，绿色箭头表示动画的起始位置，红色箭头表示动画的结束位置，由于动画结束的位置比较靠近画面中间，所以，使用鼠标选择红色三角形，向左移动，如图 14-9 所示。

图 14-8　调整前的路径动画的起始与结束位置　　　图 14-9　调整后的路径动画的起始与结束位置

注意　　　当同一对象有多个动画效果时，需要执行"添加动画"命令。

（5）选择"手"图片的动作路径动画，设置"开始"方式为"与上一动画同时"，设置动画的持续时间为 0.75 秒，此时"计时"面板如图 14-10 所示，"动画窗格"面板如图 14-11 所示。此时，单击"预览"按钮可以预览动画效果。

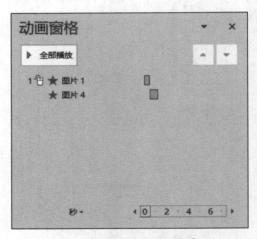

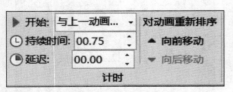

图 14-10　动画的"计时"设置　　　　　　　图 14-11　调整后的"动画窗格"面板

注意   手的横向运动与图片的擦除动画就是两个对象的组合动画。

（6）选择"手"图片，执行"动画"→"添加动画"→"飞出"命令，设置"飞出"动画的开始方式为"上一动画之后"，执行"动画"→"添加动画"→"淡出"命令，设置"淡出"动画的开始方式为"与上一动画同时"，此时"动画窗格"面板如图 14-12 所示，单击"预览"按钮可以预览动画效果，如图 14-13 所示，这样就通过动画叠加的方式实现了"手"一边飞出，一边淡出的效果。

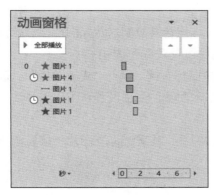

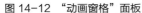

图 14-12 "动画窗格"面板

图 14-13 动画效果

14.2.3 划屏动画的前后衔接控制

动画的衔接控制也就是动画的时间控制，通常有两种方式。

第一种：通过"单击时""与上一动画同时""上一动画之后"控制。

第二种：通过"计时"面板中的"延迟"时间来控制，它的根本思想是所有动画的开始方式都为"与上一动画同时"，通过"延迟"时间来控制动画的播放时间。

第一种动画的衔接控制方式在后期调整动画时不是很方便，例如添加或者删除元素时，而第二种方式相对比较灵活，建议大家使用第二种方式。

具体的操作方式如下。

（1）在"动画窗格"面板中选择所有动画效果，设置开始方式为"与上一动画同时"，此时的"动画窗格"面板如图 14-14 所示。

（2）由于图片 4（葡萄酒）的"擦除"动画与图片 1（手）的向左移动动画是同时的，因此选择图 14-14 中的第 2、3 个动画，设置其"延迟"时间都为 0.5 秒，"动画窗格"界面如图 14-15 所示。

（3）由于"手"动画最后为边消失边飞出，因此两者的延迟时间也是相同的，由于手的出现动画是 0.5 秒，滑动过程为 0.75 秒，因此"手"动画消失的延迟时间是 1.25 秒。设置其"延迟"时间都为 1.25 秒。

图 14-14　设置所有动画都为"与上一动画同时"

图 14-15　设置时间延迟后的动画窗格

14.2.4　其他几幅图片的划屏动画制作

（1）选择"葡萄酒"与"手"两幅图片，按 <Ctrl+C> 组合键复制这两幅图片，然后按 <Ctrl+V> 组合键粘贴两幅图片，使用鼠标左键将两幅图片与原来的两幅图片对齐。

（2）单独选择刚刚复制的"葡萄酒"图片，然后单击鼠标右键，执行"更改图片"，选择素材文件夹中的"红酒葡萄酒 .jpg"，打开"动画窗格"面板，分别设置新图片与"红酒葡萄酒 .jpg"的延迟时间。

（3）采用同样的方法再次复制图片，使用素材文件夹中的"红酒 .jpg"图片，最后调整不同动画的延迟时间即可。

14.2.5　输出动画视频

片头制作完成后，可以保存为 PPTX 格式的演示文稿文件，用 PowerPoint 打开。也可以保存为 WMV 格式的视频文件，用视频播放器打开。保存为 WMV 格式的视频文件的具体方法如下。

单击"文件"→"另存为"命令，设置保存类型为"Windows Media 视频（*.WMV）"，填写文件名即可，如图 14-16 所示。

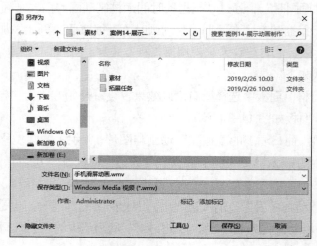

图 14-16　设置保存文件类型

14.3　任务小结

通过本任务中动画的制作，讲解了 PPT 中动画的设计原则、动画效果、PPT 片头的输出等。在实际操作中要恰当地选取片头动画的制作策略，片头动画中的素材质量要高，分辨率要高，格式要恰当，片头的制作要能举一反三，不断创新。

此外还应该学习一些制作动画的方法与技巧。

1．PPT 动画的分类

在 PowerPoint 中，动画效果主要分为进入动画、强调动画、退出动画和动作路径动画 4 类，此外，还包括幻灯片切换动画。用户可以为幻灯片中的文本、图形、表格等对象添加不同的动画效果。

进入动画：进入动画是对象从"无"到"有"。在触发动画之前，被设置为"进入"动画的对象是不出现的，在触发之后，那它或它们采用何种方式出现呢，这就是"进入"动画要解决的问题。比如设置对象效果为"进入"动画中的"擦除"效果，可以实现对象从某一方向一点一点地出现的效果。进入动画在 PPT 中一般都使用绿色图标标识。

强调动画："强调"对象从"有"到"有"，前面的"有"是对象的初始状态，后面一个"有"是对象的变化状态。这样两个状态上的变化起到了强调突出对象的作用。比如设置对象效果为"强调"动画中的"变大 / 变小"效果，可以实现对象从小到大（或从大到小）的变化效果，从而产生强调的效果。在 PPT 中进入动画一般都使用黄色图标标识。

退出动画："退出"与"进入"正好相反，它可以使对象从"有"到"无"。触发后的动画效果与"进入"效果正好相反，对象在没有触发动画之前显示在屏幕上，而当动画被触发后，则从屏幕上以某种设定的效果消失。如设置对象效果为"退出"动画中的"切出"效果，则在动画被触发后对象会逐渐地从屏幕上某处切出，从而在屏幕上消失。退出动画在 PPT 中一般都使用红色图标标识。

动作路径动画：就是对象沿着某条路径运动的动画，在 PPT 中也可以制作出同样的效果，就是将对象效果设置成"动作路径"动画效果。比如设置对象效果为"动作路径"中的"向右"效果，则在动画被触发后对象会沿着设定的方向线移动。

2．动画的衔接、叠加与组合

动画的使用讲究自然、连贯，所以需要恰当地运用动画，使动画看起来自然、简洁，使动画整体效果让人赏心悦目，就必须掌握动画的衔接、叠加和组合。

（1）衔接。

动画的衔接是指在一个动画执行完成后紧接着执行其他动画，即使用"从上一项之后开始"命令。衔接动画可以是同一个对象的不同动作，也可以是不同对象的多个动作。

片头星光图片的先淡出，再按照圆形路径旋转，最后淡出消失就是动画的衔接。

（2）叠加。

对动画进行叠加，就是让一个对象同时执行多个动画，即使用"从上一项开始"命令。叠加可以是一个对象的不同动作，也可以是不同对象的多个动作。几个动作叠加之后，效果会变得非常不同。

动画的叠加是富有创造性的过程，它能够衍生出全新的动画类型。两种非常简单的动画叠加后产生的效果可能会非常的不可思议，例如路径＋陀螺旋、路径＋淡出、路径＋擦除、淡出＋缩放、缩放＋陀螺旋等。

（3）组合。

组合动画让画面变得更加丰富，是让简单的动画由量变到质变的手段。一个对象如果使用浮入动画，看起来非常普通，但是二十几个对象同时做浮入时味道就不同了。

组合动画通常需要对动作的时间、延迟进行精心的调整，另外需要充分利用动作的重复，否则就会事倍功半。

14.4　经验技巧

14.4.1　片头动画的设计技巧

易百米公司公关部小王在完成创业案例介绍的演示文稿后，潘经理非常满意，同时潘经理提出最好能制作一个动感的片头动画，动画要简约、大气。要求小王利用 PowerPoint 2016 的动画功能完成此项工作，效果如图 14-17 所示。

（a）动画场景1

（b）动画场景2

图 14-17　片头动画效果图

本实例主要运用路径的动画、多媒体元素，例如音频以及 PPT 的输出等。

1．插入文本、图片、背景音乐等相关元素

插入文本、图形元素后调整大小及位置，执行"插入"→"音频"→"PC 上的音频"命令，如图 14-18 所示，弹出"插入音频"对话框，插入素材文件夹中的"背景音乐 .wav"，调整插入的所有元素的位置后，页面效果如图 14-19 所示。

微课视频

插入各类元素

图 14-18 "音频"按钮

图 14-19 插入图片、文本、背景音乐后的效果

单击 ◀，切换到"音频工具 | 播放"选项卡。在"音频选项"功能组中将音频触发"开始"设置为"自动"，如图 14-20 所示。

图 14-20 设置音频触发方式

2. 动画的构思设计

现依据图 14-19，构思各个元素的入场动画顺序，同时播放背景音乐，动画的结构如图 14-21 所示。

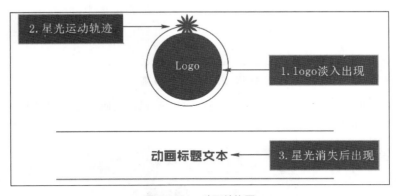

图 14-21 动画结构图

3. 制作入场动画

入场动画的制作步骤如下。

（1）选择图片"logo.png"，单击"动画"选项卡，设置动画为"淡出"，如图 14-22 所示。

微课视频

入场动画

图 14-22　选择动画形式

（2）选择"星光 .png"图片，单击"动画"选项卡，设置动画为"淡出"。再单击"添加动画"按钮 ★，选择"动作路径"组中的"形状"，如图 14-23 所示。

图 14-23　添加路径动画

（3）将路径动画的大小调整为与 logo 大小一致，将路径动画的起止点调整到"星光 .png"的位置，如图 14-24 所示。

图 14-24　调整路径动画

（4）单击"动画"选项卡，在"高级动画"功能组中选择"动画窗格"。将"logo.png"淡出动画触发方式"开始"设置为"与上一动画同时"，将"星光.png"淡出动画和路径动画触发方式"开始"设置为"与上一动画同时"，将"延迟"设置为0.5秒，如图14-25所示，"动画窗格"面板的界面如图14-26所示。

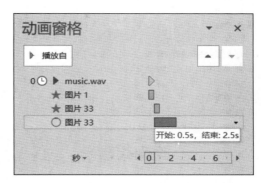

图 14-25　设置延迟时间　　　　　　　图 14-26　"动画窗格"面板

（5）在"星光.png"路径动画触发后让其消失。选择"星光.png"图片，单击"添加动画"按钮 ★，选择"退出"组中的"淡出"。

（6）再次单击"添加动画"按钮 ★，选择"强调"组中的"放大/缩小"，将效果设置为"巨大"。将退出动画和强调动画的触发方式"开始"设置为"与上一动画同时"。设置延迟时间为2.5秒，如图14-27所示，"动画窗格"面板的界面如图14-28所示。

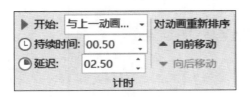

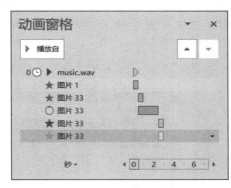

图 14-27　设置延迟时间　　　　　　　图 14-28　"动画窗格"面板

（7）Logo部分动画播放结束后，文字部分出场。设置文字上下两条直线形状动画为"淡出"。将淡出动画的触发方式"开始"设置为"与上一动画同时"，将"延迟时间"设置为3秒。

（8）选择文字，单击"动画"选项卡，在下拉菜单中选择"★更多进入效果"，将动画设置为"挥鞭式"，如图14-29所示。

（9）将文字动画的触发方式"开始"设置为"与上一动画同时"，将"延迟"设置为3秒，如图14-30所示。

图 14-29　设置为挥鞭式动画

图 14-30　动画窗格效果

4．输出片头动画视频

片头制作完成后，可以保存为 PPTX 格式的演示文稿文件，用 PowerPoint 打开。也可以保存为 WMV 格式的视频文件，用视频播放器打开。保存为 WMV 格式视频的文件的具体方法如下。

微课视频

输出视频

单击"文件"→"另存为"命令，设置保存类型为"Windows Media 视频（*.wmv）"，填写文件名即可，如图 14-31 所示。

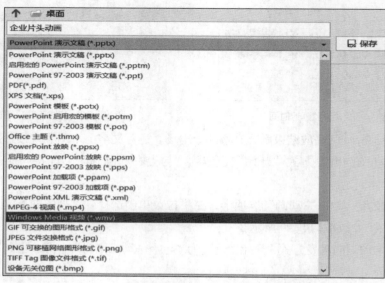

图 14-31　设置保存文件类型

14.4.2　PPT 中的视频的应用技巧

添加视频就是将电脑中已存在的视频插入演示文稿。具体方法如下。

（1）打开"视频的使用 .pptx"，切换至"插入"选项卡，在"媒体"功能组中单击"视频"按钮，在弹出的列表框中选择"PC 上的视频"选项，如图 14-32 所示。

（2）弹出"插入视频文件"对话框，选择素材文件夹下的"视频样例 .wmv"声音文件，单击"插入"按钮，如图 14-33 所示。

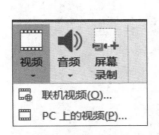

图 14-32　插入视频

图 14-33　"插入视频文件"对话框

（3）执行操作后，如图 14-34 所示，可以拖曳声音图标至合适位置，按 <F5> 键后幻灯片播放，单击播放按钮就可以播放视频，如图 14-35 所示。

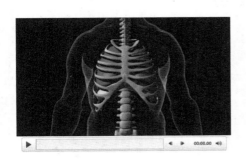

图 14-34　插入的视频

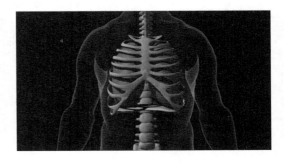

图 14-35　PPT 视频播放效果

14.5　拓展训练

根据"拓展训练 – 中国汽车权威数据发布 .pptx"中的图标内容，设置相关的动画，例如"目录"页中"表盘"的变化，页面效果如图 14-36 所示。

（a）动画界面 1

（b）动画界面 2

（c）动画界面 3

（d）动画界面 4

图 14-36 表盘的动画效果

参 考 文 献

[1] 王强，牟艳霞，李少勇 . Office 2013 办公应用入门与提高 [M]. 北京：清华大学出版社，2014.

[2] 杨臻 . PPT，要你好看 [M]. 2 版 . 北京：电子工业出版社，2015.

[3] 楚飞 . 绝了可以这样搞定 PPT[M]. 北京：人民邮电出版社，2014.

[4] 陈跃华 . PowerPoint 2010 入门与进阶 [M]. 北京：清华大学出版社，2013.

[5] 温鑫工作室 . 执行力 PPT 原来可以这样用 [M]. 北京：清华大学出版社，2014.

[6] 陈魁，吴娜 . PPT 演义 [M]. 3 版 . 北京：电子工业出版社，2014.

[7] 陈婉君 . 妙哉 !PPT 就该这么学 [M]. 北京：清华大学出版社，2015.

[8] 龙马高新教育 . Office 2013 办公应用从入门到精通 [M]. 北京：北京大学出版社，2016.

[9] 德胜书坊 . 最新 Office 2016 高效办公三合一 [M]. 北京：中国青年出版社，2017.

[10] 华文科技 . 新编 Office 2016 应用大全 [M]. 北京：机械工业出版社，2017.

[11] 刘万辉，丁九敏 .Office 2010 办公软件高级应用案例教程 [M]. 北京：高等教育出版社，2017.

[12] 刘万辉，刘娟，熊晓波 . 办公自动化高级应用案例教程 [M]. 北京：航空工业出版社，2019.

[13] 林沣，钟明 . Office 2016 办公自动化案例教程 [M]. 北京：中国水利水电出版社，2019.